ASIA COFFEE AND WESTERN-STYLE PASTRY

亚洲咖啡西点

成人礼

主编　王森

CAFÉ & GÂTEAUX

青岛出版社
QINGDAO PUBLISHING HOUSE

CAFÉ&GÂTEAUX
亚 洲 咖 啡 西 点

书名：亚洲咖啡西点　成人礼

主编：王　森

执行主编：张　婷

国际特邀主编：印尼 *Bareca Magazine* 主编 张辉德

出版发行：青岛出版社

社址：青岛市海尔路 182 号（266061）

本社网址：http://www.qdpub.com

邮购电话：17712638801　0532-85814750（传真）

0532-68068026

组织编写：王森国际咖啡西点西餐学院

支持发行：

常州市森派食品有限公司

日本果子学校

韩国彗田大学

策划编辑：周鸿媛

特约组稿：张　婷

责任编辑：纪承志

流程策划编辑：夏　园

文字编辑：缪蓓丽

资深专题编辑：栾绮纬

插画专题编辑：夏　园

图片专题编辑：刘力畅

视频专题编辑：邢冲冲

装帧设计：夏　园

翻译编辑：缪蓓丽

媒体运营经理：严维龙

制版：青岛艺鑫制版印刷有限公司

印刷：青岛海蓝印刷有限责任公司

出版日期：2019 年 6 月第 2 版 2019 年 6 月第 2 次印刷

开本：16 开（889 毫米 ×1194 毫米）

印张：7

字数：100 千

印数：3001-5500

书号：ISBN 978-7-5552-7275-5

定价：48.00 元

编校质量、盗版监督服务电话 4006532017

（青岛版图书售出后如发现质量问题，请寄回青岛出版社
出版印务部调换。电话：0532-68068638）

青春是一生中最精彩的时光，一生总会经历一次，可当失去的时候，有的人只能在别人的青春里称羡狂欢，有的人却真正经历了浴火重生的喜悦与平静。成人礼作为人生的重要转折点，逐渐告别单纯，开启人生新的篇章。

本期杂志以"成人礼"为主题，带领大家找寻关于青春的美好回忆。森系成人礼甜品台如同一杯沁口的香槟，淡化了果汁的香甜，多了一丝酒精的味道，不涩不腻刚刚好，像极了青春。而成长是一个漫长的阶段，经历蜕变后将会拥有更精彩的未来。

为方便读者取阅参考，本期杂志将"主编推荐"特别设计为单独书册，用新眼光看待老事物，总能捕捉到藏在深层次里可以变化的因素，对待甜点，亦当如此。与研发有约，推出大师倾注心血的最新力作，不断地调整配方，试用新的原料和搭配，只为做出别样的、好吃的口感。

"前沿资讯"呈现最新行业资讯，国内外展会赛事盛况、知名品牌新品层出不穷；"专题介绍"专注大师采访，近距离接触心目中的大师，细说西点技艺，倾囊相授，展开一场与西点巅峰思想的对话；更有"名店报道"，详解热门面包店、甜点店的经营管理，为想创业的读者提供思路！

Café & Gâteaux 得以发展并日渐成熟，得到了日本果子学校、意大利 SilikoMart、印尼 Bareca 杂志、《面包店的合作伙伴》杂志、常州市森派食品有限公司、《Cafe Culture| 啡言食语》、东京烘焙职业人、安琪酵母股份有限公司、北京安德鲁水果食品有限公司等合作企业的大力支持，致以感谢。

我们力求把杂志做得应时应景，更具实用性和时尚性，让更多西点爱好者能热情地参与其中。我们的目标是让 *Café & Gâteaux* 成为每一个美食人一生的好搭档，并为此不懈追求与努力！祝大家心情愉快！

2019 年 6 月 15 日

主编：王 森

他，被业界誉为"圣手教父"，拥有超过十万的学子，用残酷的魔鬼训练打造出第 44 届世界技能大赛烘焙项目冠军。

他，是国内高产的美食书作家，200 多本美食书籍畅销国内外。

他，是跨界大咖，用颠覆性的想象将绘画、舞蹈、美食巧妙结合的美食艺术家。

他，是世界级比赛的国际裁判，带领着团队一次次地站上世界的舞台。

他，被欧洲业界主流媒体称为中国的甜点魔术师，是首位加入 Prosper Montagne 美食俱乐部的中国人。

他，联手 300 多位厉害的名厨成立上海名厨交流中心，一直致力于推动行业赛事，挖掘国内行业人才。

他，创办的王森集团被评为"国家级高级技能人才培训基地"，他的工作室被评为"国家级技能大师工作室"。

他，就是《亚洲咖啡西点》杂志、王森美食文创研发中心创始人，王森咖啡西点西餐学校创始人——王森。

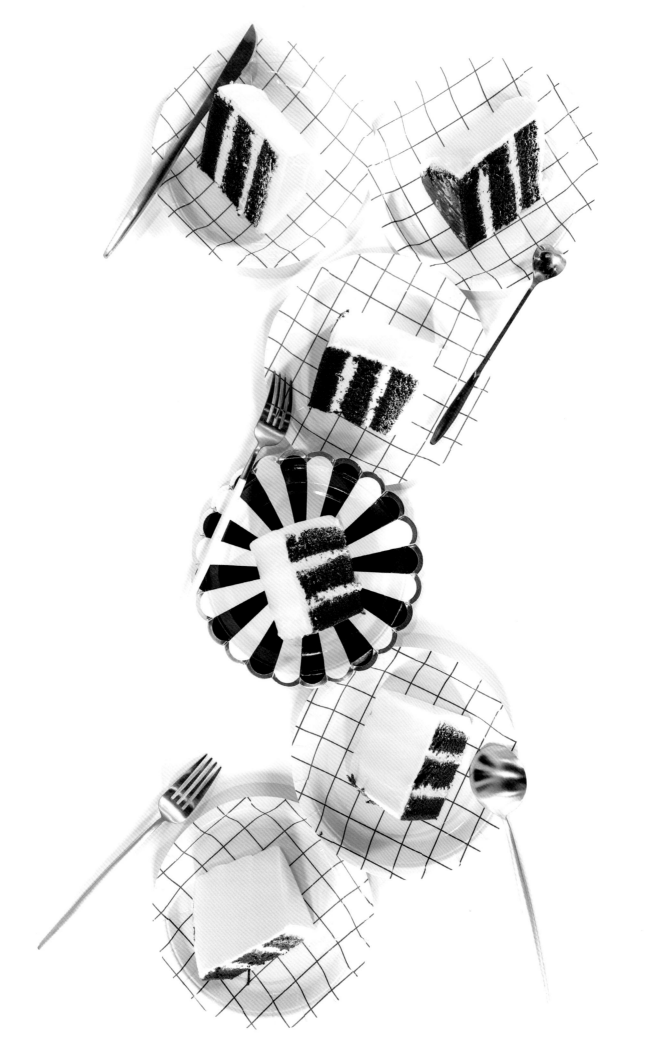

张 婷

执行主编

王森国际咖啡西点西餐学校高级技师，*Café & Gâteaux* 杂志主编，
省残联考评员，多家烘焙杂志社特约撰稿人，参与出版发行了专业书籍230余本。

EDITOR'S NOTE
编者语

"正如故乡是用来怀念的，青春是用来追忆的，当你怀揣着它时，它一文不值，只有将它耗尽后再
回过头看，一切才有意义，爱过我们的人和伤害过我们的人，都是我们青春存在的意义。"

——辛夷坞《致我们终将逝去的青春》

几乎所有人都认为青春是一段美好的时光，但这往往是在青春逝去后的有感而发。回忆自己的青春
时光，也许并不像电影中那样轰轰烈烈，只是平平淡淡的，既没有曲折的经历，也没有遇到电影里
那般刻骨铭心的爱情。

曾经总是幻想长大，尤其在成年之际，迫不及待地想要摘掉"孩子"的标签，渴望自己掌控人生的方向。
如今告别了那个喜欢做梦的年纪，脑子里却依然飘荡着那些漫无边际的幻想。

平凡的生活也需要仪式感，成人礼作为迈进成人行列的一次重要仪式，它不仅仅是一种仪式，更是
一种唤醒、一番激励和一份期待。也许此刻有些内容无法理解，但是在今后的生活中都会得到验证。

在越来越注重仪式感的当下，成人礼也将成为人生中一次深刻的记忆。当你进入人生的下一个阶段，
重新审视那段时光，关于青春的美好回忆就如电影那般一幕幕浮现在眼前。

CAFE&GATEAUX

CONTENTS
成人礼

ADULT CEREMONY

START A NEW CHAPTER IN LIFE

YOUTHFUL MEMORIES

RECALLING THE BEAUTY OF YOUTH

青春是一本太仓促的书，我们含着泪，一读再读。

——席慕蓉《青春》

充满仪式感的成长纪念

Writer || 缪蓓丽　Photographer || 王 东

告别了那个爱做梦的年纪，脑海里却依然飘荡着那些漫无边际的幻想。

孩子的成长是一个漫长的阶段，成人礼就像是行驶的列车暂时到站，继而准备开启一段新的行程。成人礼之后似乎一切都变了，又似乎什么都没变，因为人不会在瞬间长大，但是经过成人礼的洗礼，心智在这一刻得到了成长。

中国传统的成人礼延续了数千年，从清朝废除成人礼开始，长久以来，我国一直没有实行一种固定的成人礼仪式。直到近几年，部分学校开始尝试恢复这一传统，穿上汉服行冠礼和笄礼，抑或穿上人生的第一套正装，将自己打扮成成人的模样，开始步入成人世界。

在2019年"两会"期间，全国人大代表建议设立18岁成人礼。她提出："古代成人礼是很隆重的，而现在，18岁应该意味着要承担更多的社会责任，对父母更感恩、对老师更尊敬，但目前孩子衡量自己是否优秀的标准是学习成绩。"她希望能够设立18岁成人礼，将仪式的庄严感转化成社会责任的精神力量。此外，她发现中国的"满月礼"和"婚礼"等传统礼仪多和礼金挂钩，因此希望成人礼这样的仪式以教育为主，避免与金钱挂钩。

西方的成人礼多以舞会、聚会等形式呈现，对他们来说，成年意味着独立，父母不会像过去那样在生活上帮助孩子，甚至让他们像成年人一样独自生活。而在中国，成年意味着孩子已经从儿童转变成承担家庭责任的角色，父母也会以一个成年人的要求来规范他。

A COMMEMORATIVE GROWTH CELEBRATION

THE MEANING OF
ADULT RITUAL

成长赋予你成熟的外表
和能够扛起责任的宽阔肩膀。
青春是没有形状的梦想，
是不会陨落的回忆。

"成人之者，将责成人礼焉也。责成人礼焉者，将责为人子、为人弟、为人臣、为人少者之礼行焉。
将责四者之行于人，其礼可不重欤！"

——《礼记·冠义》

自古以来，中国的成人礼更注重"心理"的成长。成年以前，孩子的心智还不成熟，即使有过失，家庭与社会也会予以原谅。而一旦成年，就要承担作为成年人应有的责任，社会也会以成年人的规则要求他。为人子、为人弟、为人臣、为人少，都要承担相应的社会责任，并且要对自己的所有言行负责。

当今成人礼的仪式不应拘泥于形式，更应该注重内心的感化，让年轻人真正意识到"成年"的涵义。家长和老师作为陪伴孩子成长的角色，也应参与到这一次活动中，见证孩子的这一重要时刻。有些学校用学士帽替代古代的冠和笄，由家长或老师等长辈为其加冠，以示成人，孩子也会向他们表达平时很少言说的感恩、感激之情。

迈入成人社会之际，一次深刻的成人礼仪式能让他们真正意识到成年的涵义，成人礼活动的举办者也要认真思考如何通过与时俱进的内容和形式让他们得以成长。在日后的生活中，老师和长辈的引导也尤为重要，正确的引导能帮助他们完成角色的转变。

一场值得被纪念的盛宴

Writer || 迮偌婷   **Photographer** || 王东

A FEAST WORTH REMEMBRANCE

甜品台起源于英国皇家皇室宴会中，后来慢慢应用于各式各样的婚礼、聚会、生日以及一些商务场合。当下，甜品台在宴会中占据重要位置，好的甜品台，可以让一个派对更精彩，让一场婚礼更浪漫。

甜品台就是用一系列的甜品、蛋糕、饼干、糖果、饮品等组成一个带有强烈主题性的甜品摆台。由于种类众多，甜品台总能给人们带来最强烈的视觉冲击效果，口味也是最丰富的。

作为内外兼备的存在，甜品区精致的小点心，不只是用来食用的糕点，更重要的是作为伴手礼和会场装饰。充满浪漫色彩的马卡龙、唯美富有质感的翻糖蛋糕、清新又充满韵味的糖霜饼干等，用一桌甜品去讲述一段故事，搭配出无比温馨的纪念日，才是甜品台真正的魅力所在。

就像任何事物的设计一样，甜品台的设计也需要丰富的创造力。数十种甜品味道互补、色彩协调、背景盛器和甜品浑然一体才是最高境界。每一位派对主人都有不同的喜好，每一个甜品台都有她的个性。

在成人礼甜品台的设计中，往往会采用森系的风格，以白色和绿色为主色调，清新自然，营造出大自然般惬意和舒适的氛围。绿色是植物的颜色，寓意自然和生机，也是春季的象征，朝气蓬勃的青春就如绿色所代表的那样，充满希望和活力。

森系风格会倾向于木质的结构、器皿和摆台，它们能为甜品台增添一丝神秘感，仿佛下一秒就会跌入安徒生的童话王国。但在整个森系甜品台中加入一些复古的铁艺元素增添几分典雅，会更加出彩。森系甜品台就像是一杯沁口的香槟，淡化了果汁的香甜，多了一丝酒精的味道，不涩不腻刚刚好。不论是小清新风或轻奢森系，一场精心策划的甜品台可以满足你的各种幻想，体现你独特的个性，讲述你独一无二的故事。

一场森系风格的成人礼甜品台可以选择在室外表现，绿树与草坪构成纯天然的背景。这次我们以鲜花和绿叶装饰的裸蛋糕作为主蛋糕，配以植物造型的杯子蛋糕和水果慕斯等，鲜花的装饰和水果的点缀让简单的外表看起来十分清新，自然纯粹又健康的特质无比接近森系的主题。

在森系风格的甜品台中，若是搭配布朗尼蛋糕、莓果挞等，它们的色彩和质感会让人联想到森林中芬芳的土地和树木枝干，同时精致的甜品台通过加入这些"粗糙"美食的调和，会显得更加逼真诱人，让这一次成人礼甜品台充满生机。

TELL STORIES WITH DESSERT TABLE

在一个完美的甜品台中，饮品自然是必不可少的，而成人礼中用鸡尾酒来搭配再合适不过了，创意十足、颜色炫丽的鸡尾酒为甜品台增添了迷人的魅力。植物本来就是森林系最重要的组成部分，将甜品台与花艺合理地搭配陈列，能让森系甜品台更具美感和幸福感。当然，还要使用风格相近的道具，像木箱、木桩、砧板等都是非常好的装饰物，它们能大大提升甜品台的观赏性。

作为宴会上亮丽的风景线，甜品台承载了许多意义和情感。
婚礼上，甜品台是幸福的象征，让宾客们分享甜蜜，见证一段刻骨铭心的爱情。
生日宴上，甜品台是喜庆的祝福，祝愿老人健康长寿，祝愿孩子茁壮成长。
宝宝宴上，甜品台是生命的喜悦，爱情得到了最美的升华。
派对上，甜品台是必不可少的激情点，让热烈的气氛达到高潮。
成人礼上，甜品台是青春年华的象征，意味着长大成人，意味着独立，意味着从此身上承担的责任。

用甜品台刻画独家记忆，空气中都弥漫着幸福的香气。精致的点心、讲究的摆盘、花艺装饰的氛围感，都在甜蜜的桌上呈现。美好的背后，更多的是诚意与用心，以最优质的原料，结合精心的制作，带来一场又一场视觉和味觉的双重盛宴。

AN ADULT CEREMONY

绿色·成长

Writer ‖ 缪蓓丽　　**Photographer** ‖ 王东

十八岁就像一场奇异的梦，
身在梦境却时时想要逃离，
在梦醒过后，又追悔莫及。

YOUTH LIKES
A STRANGE
DREAM.

FEBRUARY

better life

for your

in Love,

I'LL MISS YOU.
THANKS FOR YOUR
COMPANY

在最美的时间遇到你

Writer || 缪蓓丽　　**Photographer** || 王东

这一天即将告别昔日同窗，深深印刻在脑海里的，是青春最好的模样。

"明天你是否会想起，昨天你写的日记……"音响里老狼的歌声一下就将思绪拉回了校园时光。十八岁是青春的象征，就像刚刚出水的芙蓉，沐浴在阳光下，闪烁着迷人的色彩。我们深知，青春终有一天将成为故事，而十八岁，就是这份定格的永恒。

回忆那一次青春的狂欢，寂静的夜空下，盛开在黑夜里的仙女棒，像散落的花瓣，又似发光的蝴蝶，如流星般璀璨的光芒盖过了遥远的星。曾经懵懂的爱情深深埋藏在心底，然而时光冲淡了记忆，岁月模糊了容颜，我们却依然记得青春最美好的画面。

为我们的友谊干杯

CHEERS TO OUR FRIENDSHIP.

为最美的青春干杯

CHEERS TO OUR BEST YOUTH.

为美好的未来干杯

CHEERS TO OUR BRIGHT FUTURE.

>>> 很高兴 见到你 一个全新的自己

Writer || 缪蓓丽　　**Photographer** || 王 东

在成长的道路上，那些鲜花与荆棘都是我们前进的行囊。不知不觉，已经站在了人生的十字路口。回首过往，我们在人群的簇拥下前行，似乎已经习惯了这样的模式。但是眺望未知的远方，注定是一条条孤单的路途。

曾经认为十八岁像梦一般美好，我们都带着一颗年轻纯粹的心期待着，幻想着它如约而至。十八年来，我们每一天都在为它的到来准备着。而它就像一棵小树，深深的扎根，挺立在人生的十字路口，静待这一场十八年之久的见面。

终究这只是一段短暂的时光，此刻要与过去道别，也很高兴见到你，一个全新的自己。青春的模样大概就是这样，失去了簇拥的人群和鲜花，明媚中裹挟着忧伤。眼神中多了几分坚毅，在一次次孤军奋战后，成为更强大的自己。

多年以后，有时青春的画面会忽然浮现在眼前，就像一位老人翻阅相册，回想自己的一生，甚至都不需要特定的情境去触发回忆。也许嗅到一缕烟火气，就会想起奶奶在灶台前忙碌的身影；也许听到一段旋律，就会想起分别已久的朋友。那些泛滥在记忆长河里的温情，总可以轻易地使我泪眼婆娑。

为青春留下一次微醺的记忆

Writer ‖ 缪蓓丽 　　**Photographer** ‖ 王东

成人礼这一天与往常一样，却又显得如此不平凡。过去还是孩子，能因此躲避一些惩罚，却难以像成人那样做任何想做的事。成年以后，终于我们可以穿上梦寐以求的高跟鞋，也不用觊觎爸爸杯中的佳酿，却依然怀着好奇心探索这个世界。

LEAVE A SLIGHT MEMORY FOR YOUTH

COCKTAIL IS AN INDISPENSABLE ELEMENT OF THIS PARTY

成人礼的聚会总不能缺乏酒的助兴，白酒太烈，而相对温和的啤酒素有"液体面包"之称，极易产生饱腹感，对一场聚会来说不免有些扫兴。对年轻人而言，鸡尾酒是不错的选择，无论是含酒精的鸡尾酒，还是不含酒精的鸡尾酒饮品，都能让少年们感到无比兴奋，为这一次成人礼留下独特的回忆。

首先鸡尾酒种类众多，按调制方式可以分为长饮和短饮。短饮常用小小的子弹杯盛放，酒精含量较高，适合一饮而尽。显然，这样的鸡尾酒并不适合成人礼，相比之下，酒精含量相对温和的长饮更适合年轻人，并且长饮的杯子容量一般比较大，适合消磨时间。

对于夏日里的成人礼，没有莫吉托是不完整的，揉碎的薄荷叶，整片青柠檬，加入朗姆酒和苏打水，混合着沁凉的冰块，一口莫吉托就是夏天的味道。尽管莫吉托口味无比清爽，但其中的酒精依然不可小觑，初次尝试一杯就好。

当然，并非所有人都能接受酒精，些许的酒精也可能会引起不适。因此如今非常热门的无酒精鸡尾酒饮品成为这场聚会不可或缺的元素，以柠檬汁或苏打水代替基酒，它们同样可以拥有鸡尾酒绚丽的造型和丰富的口感，另外，完全不必担心酒精的问题，可谓一举多得。

酒精的美好，浅尝辄止即可。少年们在这场即将开启人生新篇章的聚会上举杯欢庆，即使杯中并不是酒，也能让会场的氛围达到高潮，让这次成人礼印象更深刻，为青春留下一次微醺的记忆。

拥有仪式感
的成人礼

Writer ‖ 缪蓓丽　　Photographer ‖ 王东

ADULT
GIFT
CEREMONIAL
SENSE

仪式感，

对于心灵成长具有一定的作用。

它使某一天与其他日子不同，

使某一个时刻与其他时刻不同。

将真挚的祝福和邀请装进信封，

在微微摇曳的烛光里烙上

代表青春的火漆印记，

封存所有的美好回忆。

王森教育集团

森员集°
烘焙人的C位平台！

森员集—王森教育集团会员平台。集结名师课程、经典配方、美食视频、会员交流分享、烘焙赛事资讯等。为烘焙人提供一流资源的有趣平台。

抖音°
王森咖啡西点西餐教育，看到你所不知道的神奇技法。

ID:615228159

闪传直播平台°
王森教育集团，带你走进王森、踏入烘焙世界的大门。

ID:18251120684

微视°
王森，一所培养世界冠军的学校。

微视号:WSXX666

腾讯视频°
亚洲咖啡西点，带你领略烘焙西点世界里的一切。

账号:亚洲咖啡西点

微博°
《亚洲咖啡西点》由苏州王森西点学校主办，内容涵盖了国内外丰富的产品配方和赛事活动报道，也包括生产经营的创意点子，以及技术的分享与传播。

@亚洲咖啡西点_王森

TRAVEL IN THE ADULT WORLD

像一名观光客，穿行在成人世界里。

Illustrater || 许俊平

这一天，我们成年了

Writer || 缪蓓丽   **Illustrater** || 高涵

IT SEEMS THAT GROWTH IS AN INSTANT THING.

似乎罗大佑的《童年》还萦绕在耳畔，似乎那些童话故事都历历在目，似乎成长就是一瞬间的事。恍惚间，那个稚嫩的少年眉宇间多了几分英气，少女也出落得亭亭玉立。他们要在成人礼这样一个特殊的日子里，宣告自己正式步入成年人的行列。全世界的孩子都会经历这一人生阶段，西方人会以一场聚会或舞会来告别青涩的自己，而我们更倾向于言传身教，在这一天将成人世界的生存法则传授给他们，让他们的未来不再迷茫。

◆ 中国 ◆

中国的传统成人礼是汉文化的冠礼和笄礼，这一传统从西周一直延续数千年，如今很多地区仍会沿袭这一传统。古代男子年满 20 岁行冠礼，女子则是年满 15 岁之后行笄礼，这一传统礼仪不仅代表其已成人，可以嫁娶，更是通过这种传统的仪式，让他们能够正视自己肩负的责任，完成从"孺子"到成年人的角色转变。在历史发展过程中，很多少数民族都创造了自己的成人礼仪式，但初衷都是一致的。

China

◆ 韩国 ◆

韩国成人礼深受中国传统文化礼仪的影响，
从高丽时代就开始为青年人举行冠礼和笄礼。
1985年，韩国政府将每年5月第3周的星期一定为"成
年日"，为年满20岁的青年人庆祝成人礼。并且为了使
仪式最大限度地与传统一致，1999年韩国政府对成人礼
制定了标准化流程，涵盖了相见礼、三加礼、
醮礼以及成人礼宣言等内容。

South Korea

◆ 日本 ◆

现在日本的成人礼源于日本古代的成人礼仪式
——元服礼，每年1月的第2个星期一是日本的"成人节"，
这是日本国民的一大节日，节日当天全国放假，年满20
岁的新成人要在这一天参加各地举办的庆祝活动。
在成人礼前一个月，所在的市町村相关部门会给各家寄
去明信片，告知成人礼内容。
这一天，穿着漂亮的传统服饰的新成人会与家人留下一
张全家福照片。

Japan

◆ 俄罗斯 ◆

成人礼在俄罗斯是一次非常隆重的庆典，庆祝他们告别
童年，开始步入成人社会。

成人礼通常在每年6月底举行，中学毕业典礼结束后，
学生、家长和老师会一起在学校或餐厅聚餐庆祝，学生
向老师赠送礼物，并表达感激之情。

聚餐结束后，青年们会一起唱歌、跳舞、表演节目，并
共同迎接成人后第一个黎明的到来。

Russia

France

◆ 法国 ◆

法国著名的克利翁名门少女成年舞会无疑是
法国成人礼的代表。每年11月，位于法国巴黎协和广场的
克利翁酒店总会有一个特殊的夜晚，世界各地的名门贵族、
各界名人明星在这晚聚集在一起，盛装打扮，
举行一个盛大的舞会。

但是对世界上大部分年龄相当的少女而言，克利翁舞会是
一场难以企及的梦。

同样，为了与名门千金身份相匹配，
克利翁舞会对男伴的要求也十分严苛。

◆ 美国 ◆

虽然美国的法定成年年龄也是 18 岁，
但 16 岁与 21 岁的庆典与成人礼一样隆重。16 岁是美国
大部分州允许考驾照的年龄，因此汽车或与汽车相关
的产品是 16 岁生日的经典礼物。"甜蜜 16 岁"是这个年
纪的另一大主题，家人会为女儿举办一个盛大的派对，
标志着女孩成年的开始。18 岁成年的那天，相关的法定权
利和义务也随之而来，在部分美国家庭，成年意味着独立，
要开始尝试独自生活。
酒精在美国青少年文化中举足轻重，然而美国的法定
饮酒年龄是 21 岁，这也意味着 21 岁后才是
真正意义上的成年。

America

◆ 巴西 ◆

在巴西，年满 15 岁的少女们将受邀参加人生
的首次社交舞会，这是拉丁美洲传承已久的
一项习俗，可追溯至公元前 500 年。
在这一天，女生可以选择一个美好的假期或一段美
好的旅程作为自己的成年礼物。
对父母而言，这一次仪式的操办则是展现对孩子深
爱的最佳机会。

Brazil

奶泡让咖啡更温柔

Writer || 缪蓓丽　　**Illustrater** || 夏园

拿铁咖啡和卡布奇诺咖啡的受众群体很广，它们之所以能位列咖啡馆热销榜单，原因有二：首先奶泡和牛奶的加入能增加甜感，并且绵密的奶泡包覆着咖啡，充满诱惑。其次，奶泡的制作难以控制，因此自己很难制作出与咖啡馆相媲美的味道与口感。

制作奶泡需要准备的物品有牛奶、牛奶壶、温度计、汤匙和奶泡机，其中牛奶是制作出优质奶泡的关键。根据脂肪含量不同，牛奶可以分为三种：脂肪含量 0%~0.5% 的脱脂牛奶（Skimmed Milk）、脂肪含量 2% 的低脂牛奶（Lowfat Milk）和脂肪含量 4% 的全脂牛奶（Whole Milk）。一般咖啡店使用的是全脂牛奶，因为它的乳糖含量更多，入口有微甜的口感。然而低脂牛奶相对于全脂牛奶更容易打出奶泡，因此可以根据自己的需求选择适合的牛奶。

市场上售卖的牛奶壶材质多种多样，但是不锈钢材质的牛奶壶最实用。除材质外，壶身形状也是影响奶泡品质的重要因素。使用底部有倾斜弯曲的牛奶壶制作奶泡时，牛奶会产生旋涡，并顺着牛奶壶的形状循环，打出均匀的奶泡。

准备好原料和容器后，就可以开始用奶泡机制作奶泡，奶泡机的种类多样，分别有手动奶泡机、电动奶泡机、炉上蒸汽机、奶泡壶等，经过反复练习，它们都能够打出漂亮浓郁的奶泡。制作好的奶泡可以用汤匙舀取，所以大而深的汤匙会更实用。虽然温度计在制作奶泡的过程中不是必备的，但它能帮助咖啡师在加热牛奶阶段更精准地把握温度，从而制作出更优质的奶泡。

奶泡机的分类及使用方法

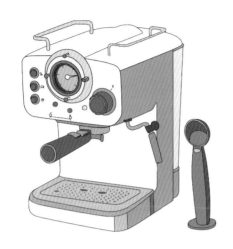

◆ **意式咖啡机**

意式咖啡机是咖啡店制作奶泡最常用的设备，方便快捷。将牛奶倒入牛奶壶中至三分满，插入蒸汽棒至液面下1厘米处，并与牛奶壶形成45度左右的夹角。打开蒸汽阀门，当牛奶开始旋转时，匀速往下移动牛奶壶，形成奶泡。当奶泡达到所需的量时，略微拉升牛奶壶，仍要保持液面旋转，继续加热至65℃左右，关闭阀门。需要注意的是，使用前后都要空喷清洁蒸汽棒，防止蒸汽孔堵塞。

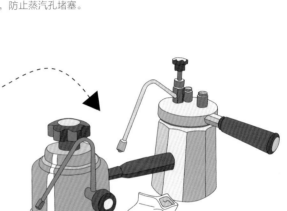

◆ **炉上蒸汽机**

炉上蒸汽机的制作原理与意式咖啡机一样。将水倒入炉上蒸汽机中至安全阀线，放置在燃气灶或电磁炉上加热，待蒸汽喷嘴开始冒出蒸汽时，将喷嘴放入牛奶壶中，并调整控制杆。

将喷嘴贴着牛奶壶壁，慢慢上下移动，使牛奶与空气充分融合，制作出较大的奶泡。待温度达到38℃时，体积会膨胀至三倍。如果要制作出小而绵密的奶泡，需要将喷嘴放在牛奶壶深处，阻绝空气进入牛奶中，直至温度提升至65℃~68℃。

◆ **手动奶泡机**

手动奶泡机的材质和造型多样，但其制作原理和过程都是一样的。将加热好的牛奶倒入手动奶泡机中至标示线，盖上盖子，将带有过滤网的握柄在杯内上下移动，做抽吸的动作，使空气与牛奶混合，开始膨胀。当它出现一定量的大奶泡后，减小抽吸的幅度，持续在牛奶内进行小的抽吸，直至出现满意密度的奶泡。

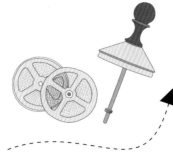

用手动奶泡机制作的奶泡容易在室温下冷却，可以在制作完成后放入装有热水的容器中，或者直接将奶泡机浸泡在热水中制作，这样能够使奶泡的温热状态持续很久。

◆ 电动奶泡机

电动奶泡机的制作原理与手动奶泡机一致，但是它的操作更快速、便捷。将牛奶倒入壶中，保持牛奶壶倾斜 30 度左右，用电动奶泡机在壶内缓慢地上下移动，并不断画圈，制作出较大的奶泡。达到某一程度后，将电动奶泡机放入牛奶深处，直至做出绵密的奶泡。

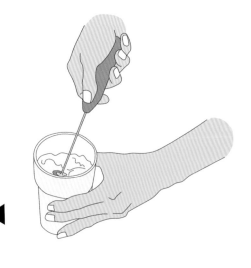

◆ 法式滤压壶

若是熟悉咖啡器具的人会发现，法式滤压壶与手动奶泡机的造型十分相似，因此不妨一壶多用，将它的功能发挥到极致。其制作方法与手动奶泡机一致，大部分法式滤压壶是由铁滤网制成，但是廉价的产品则以尼龙滤网制成，正好能打出绵密的奶泡，相当实用。

◆ 摇摇杯

另外，可以尝试用家中带有不锈钢滤网的摇摇杯制作奶泡，原理与手动奶泡机类似，倒入热牛奶后，用力上下摇晃即可，没有特别的技术要求。虽然摇摇杯无法制作出像卡布奇诺那样绵密的奶泡，但是十分适用于拿铁咖啡和欧蕾咖啡。

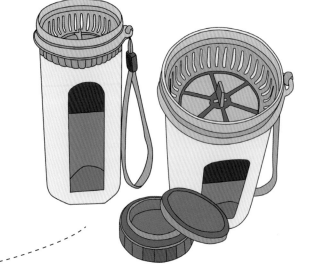

制作奶泡的注意点

1. 牛奶的温度

根据所使用奶泡机的不同，要选择相应的牛奶状态。利用意式咖啡机的蒸汽或炉上蒸汽机制作奶泡时，使用冰牛奶效果更佳。而使用手动或自动奶泡机制作奶泡时，若想制作出与咖啡温度相同的奶泡，建议先将牛奶加热至 65℃~68℃。

加热牛奶的方式多样，最简单的是倒入奶锅中，以小火加热，但是注意不能煮沸，因为牛奶一旦沸腾，就无法打出奶泡了。隔水加热是最好的方式，尽管它的过程比较繁琐，但是对于新手来说能更好地控制温度。

将牛奶倒入牛奶壶或杯子中，放入盛有热水的容器里，根据加热的牛奶量和牛奶壶材质的不同调整加热时间。尤其是不锈钢壶的导热性能好，所需的加热时间也要有所减少。另外，使用瓷器时，建议先用热水烫一下再使用，否则会影响加热效果。

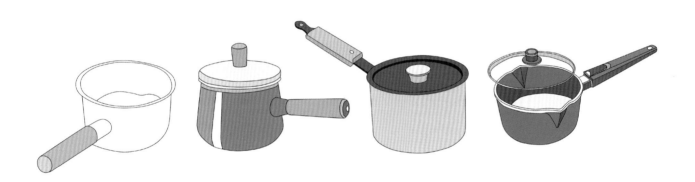

2. 制作奶泡的过程

制作奶泡的过程中，产生大奶泡的阶段称为"打发"，裹入空气，使牛奶发泡成小泡沫。而制作绵密奶泡的阶段称为"打绵"，发泡后的牛奶，利用旋涡，使奶泡变得更绵密。若想要享受更香甜的咖啡，可以在牛奶中加入砂糖，不仅能增加甜度，还能更轻松地打出奶泡。也可以尝试用其他风味的牛奶制作出口味独特的咖啡。

成人礼的发展现状调查

Writer || 缪蓓丽

青春是没有形状的梦想和不会陨落的回忆，18 岁是一生中最美好的年华，而成人礼究竟意味着什么呢？本次在《亚洲咖啡西点》公众平台发起的调查问卷得到了读者的踊跃参与，编辑部就此次问卷的结果进行分析汇总，希望能给您带来帮助。

Q 您的文化程度是什么？

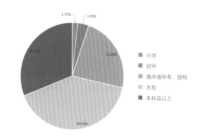

从填写问卷的人员背景看，受访者以服务行业、公司职员和西点师为主，且 94.83% 的受访者是高中及以上学历，可见大多数受访者是有机会在校园里体验成人礼仪式的。

Q 您的年龄是多少？您是否参加过成人礼？

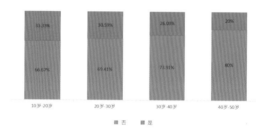

调查结果显示只有 30% 的受访者曾经参与过成人礼，但经过年龄的交叉分析发现，每个年龄段参加过成人礼的受访者占 20%~30%，且呈现年龄越小，参与度越高的趋势。值得关注的是，10 岁~20 岁这个年龄段的受访者参与度是 33.33%，我相信部分受访者仍未达到 18 岁，因此从本次的调查中可以看出现代成人礼日渐普及，参与比例有大幅提高。

Q 您知道哪些中国成人礼的形式？（多选题）

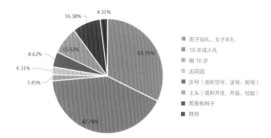

受访者对于成人礼的认知度以传统成人礼仪式和 18 岁成人礼为主，对中国地方的成人礼仪式了解得并不多。结合举办形式的调查结果可以发现，由学校和社会组织的成人礼仪式分别占 47.41% 和 40.38%。说明大家都希望有一个官方的组织能够来安排这次活动，使它为孩子的成长带来一些积极作用，如果它一直作为一种可有可无的集体活动，将难以达到预期的教育效果。

Q 您觉得举办成人礼有没有必要？
您希望自己的孩子或身边的朋友参加成人礼吗？

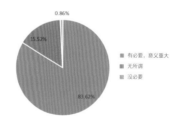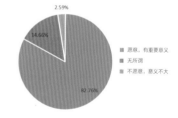

从本次调查结果发现，在成人礼日渐普及的现状下，仍有 31.9% 的受访者不了解成人礼的意义。然而被问及成人礼对自己的意义时，超过半数的受访者都认为成人礼是人生的重要转折点，也是个人成长的标志，同时意味着要承担更多责任。因此 83.62% 的受访者认为举办成人礼是有必要的，并且 82.76% 的人愿意让自己的孩子或身边的朋友参加成人礼，认为其有重要意义。说明大多数人认为成人礼活动在青少年的成长过程中是有积极影响的，可以引导他们的成长。同时也有 17.25% 的受访者对此持中立的态度，当我们设计一场成人礼仪式时，这一类人群也不能忽视，因此要提前与家长沟通，避免仪式中有不妥之处。

Q 您参加的成人礼有哪些环节？（多选题）
您为什么会参加成人礼？

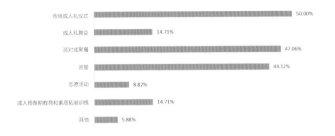

Q 您觉得在哪个阶段成人礼举办比较好？

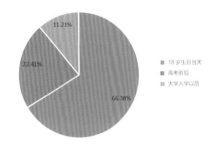

在对参加过成人礼的人群深入调查时发现，他们参与的成人礼活动以传统成人礼仪式、派对聚餐和宣誓为主，但是参与者的主观意愿并不是很高，41.18% 的参与者怀着好奇的态度想要体验一下，而 55.88% 的参与者是被动参加的。当问及现代成人礼存在哪些不足时，受访者普遍认为活动形式单一，以及存在活动呆板等问题。从这两个问题中可以发现，尽管目前成人礼形式多样，但仍存在活动形式化和缺乏创新等问题，需要组织者在设计时考虑到这次活动的接受度和教育意义。

从这一调查结果可以看出，66.38% 的受访者认为成人礼是极具仪式感的活动，在 18 岁生日当天举办比较好。也有受访者考虑到这是一次集体活动，因此 22.41% 的受访者认为在高考前后统一举办比较好。中国的高考从某种意义上来说也是一种成人礼，于是 11.21% 的受访者认为成人礼可以在大学入学后举办，此时的青年人刚刚经历过人生的一次考验，能够更深刻地理解成人礼的教育意义。

 如果让您参与设计一场成人礼活动，您更倾向于哪种形式的成人礼？其中哪个环节是必要的？

 我更倾向于传统的成人礼，加冠绾发后由家中或族里阅历丰富的长辈将他们的经验传授给我们，告诉我们以后的人生要怎么走，以及该如何做选择，这一点尤为重要。

 我觉得成人礼要经历一个与马拉松类似的环节，让人把力气用完或者尽全力完成一件事以后，能够留下深刻的印象。

 我更倾向于比较正式、隆重的形式，其中感恩是最重要的，感恩生活，感恩身边所有的人。另外，在活动中要设计与梦想相关的环节，给自己的未来做个预设，其目的是希望树立志向，对自己的未来负责。

 最好由政府牵头，多方协作，去除各种压力，专注成人礼本身。另外，活动要具有时代特点和年轻人自己的思维，以孩子为主体，父母、老师等全力辅助，这一次活动要引起媒体的关注，使其逐渐区域化、范围化和节日化。活动形式要有中国特色但不拘谨，有年轻人的思维但更严谨，并且要有很强的引导性，使成人化的概念清晰可感知。活动内容应乐观而多样，就如大禹治水那样，可疏不可堵，关注和认可年轻人的个性成长。最后在活动中可以邀请大量心理学人士参与，去除家长、老师等领导类压力，让幼苗可以健康茁壮地成长。

 我希望成人礼的活动形式更加丰富，最好是采用政府组织、学校举办的形式，这样能够让学生更加了解自己的现状，也能明白自己所承担的责任。其中最重要的环节就是让父母一起参加，自己认识到成年的责任，父母也要同步更新观念，改变以往的教育模式和相处方式，让孩子更好地成长成人。

 我的建议是让参加成人礼的年轻人自己组织策划他们想要的成人礼，父母、朋友、学校等其他组织给予建议和帮助，其中必要环节是让参加成人礼的孩子与父母进行一次深度交流，因为成长的不仅仅是孩子个人，更是整个家庭的成长。

百慕大三角面包

Maker || Tabowel   **Photographer** || 刘力畅

口味描述：

干果焦糖蕴含的岁月痕迹，包裹在酥脆的面包中，就像一个个行囊，满载甜蜜的回忆。

羊角面团

配方：

T65 面粉	500 克
T55 面粉	500 克
盐	20 克
幼砂糖	130 克
酵母	40 克
奶粉	30 克
黄油	100 克
水	460 克
中种面团	150 克
片状黄油	500 克

制作过程：

1. 搅拌：将除了片状黄油以外的所有材料放入搅拌缸中，慢速搅拌 5 分钟，然后中速搅拌 6 分钟至面团表面光滑，能形成较薄的筋膜。

2. 取出面团，放在室温下松弛 10 分钟左右，用切面刀进行分割，分割后每块面团约 600 克，搓圆。

3. 基础醒发：用擀面杖将面团擀至约 1 厘米厚的圆形，放入烤盘，放入急速冷冻柜中，冷冻 15 分钟。

4. 包黄油：取出面团，将冷藏的片状黄油擀成正方形，放在面团中心，将面团从黄油边线往中心对折，四个边折完以后面团成正方形。

5. 折叠：将包好的面团放在起酥机上，压成长方形，然后以面团 1/4 为对折线，分别往中心对折，再以中心点对折，折成四折。包上包面纸，放入冰箱，冷藏。

6. 取出面团，放在起酥机上，压成长方形，然后从 1/3 处对折，折成三折。

7. 松弛：将面团放入烤盘，包上包面纸，放入冰箱，在 3℃冷藏 30 分钟。

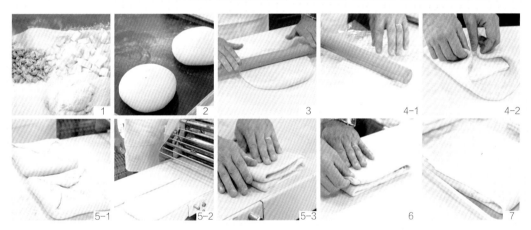

1   2   3   4-1   4-2
5-1   5-2   5-3   6   7

干果焦糖

配方：

幼砂糖	100 克
葡萄糖浆	40 克
水	50 克
淡奶油	70 克
枫树糖浆	15 克
开心果	50 克
榛子	50 克

制作过程：

1. 将幼砂糖、葡萄糖浆和水放入锅中，小火加热，熬成焦糖。

2. 加入淡奶油和枫树糖浆，用橡皮刮刀搅拌均匀，最后加入开心果和榛子，搅拌均匀。

3. 用勺子舀 25 克"步骤 2"放入圆形硅胶模中，放入急速冷冻柜，冷冻成型。

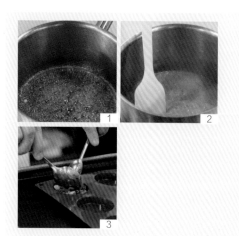

组装

配方：

羊角面团	700 克
扁桃仁条	适量
糖粉	适量

制作过程：

1. 预整形：取出面团，放入起酥机中，压成长 40 厘米、宽 36 厘米、厚 3.5 毫米的长方形面皮，放入烤盘，包上包面纸，放入冰箱，冷藏。

2. 分割：取出面团，用滚轮刀切成 12 个 12 厘米 × 12 厘米的正方形，将正方形沿着对角线对折，用刀切出距离边缘 1 厘米的平行线。

3. 整形：展开面皮，刷上橄榄油，将两个边缘交叉对折成菱形，放入圆形锡纸模，放入烤盘。

4. 最终醒发：放入醒发箱，以温度 25℃、湿度 75% 发酵 40 分钟。

5. 装饰：取出面团，将脱模的干果焦糖放在面团中间，面团边缘刷上蛋液，放上扁桃仁条。

6. 烘烤：入风炉，以 160℃烘烤 17 分钟，烘烤结束后，在面包边缘筛上糖粉。

BERMUDA TRIANGLE BREAD

草莓杏子

Maker ‖ 和泉光一 　　**Photographer** ‖ 王珠惠子

口味描述：

共同举杯庆祝成人礼这一神圣时刻，那一口酸甜像极了青春的样子，
期待开启下一段精彩人生。

椰香达垮次

配方：

蛋白	300 克
幼砂糖	100 克
蛋白粉	1 克
糖粉	250 克
杏仁粉	50 克
椰丝	200 克

制作过程：

1. 将蛋白和蛋白粉放入搅拌桶中，用网状搅拌器中速搅拌，期间分次加入幼砂糖，打发蛋白至硬性发泡。

2. 将过筛的杏仁粉、糖粉和椰丝混合均匀，慢慢加入"步骤 1"中，用橡皮刮刀翻拌均匀。

3. 在 40 厘米 ×60 厘米的烤盘内垫上油纸，倒入面糊，并用曲柄抹刀抹平表面。

4. 在面糊表面筛上两次糖粉（用量外），入风炉，以 180℃烘烤 15 分钟左右。

STRAWBERRY APRICOT

草莓杏子果酱

配方：

新鲜草莓	180 克
幼砂糖	60 克
薄荷叶	适量

准备：

1. 用小刀将新鲜草莓切成八等份，将薄荷叶切碎，备用。

制作过程：

1. 将草莓与幼砂糖一起放入锅中，小火加热，同时用橡皮刮刀不断搅拌，加热至 90℃。

2. 离火，倒入小盆中，隔冰水降温，加入薄荷叶，用橡皮刮刀搅拌均匀，即可。

杏子轻奶油

配方：

卡仕达酱	180 克
杏子果蓉	180 克
打发淡奶油	180 克

制作过程：

1. 将卡仕达酱从冰箱中取出，用打蛋器搅拌至顺滑，分次加入杏子果蓉，混合均匀。

2. 加入打发淡奶油，用橡皮刮刀将其翻拌均匀。

卡仕达酱

配方：

牛奶	500 克
无盐黄油	63 克
香草荚	1/2 根
蛋黄	100 克
幼砂糖	125 克
吉士粉	45 克

准备：

1. 将香草荚剖开，刮出香草籽，备用。

制作过程：

1. 将牛奶、无盐黄油和香草籽放入锅中，小火加热至煮沸。

2. 在盆中倒入蛋黄、幼砂糖和吉士粉，用打蛋器搅拌均匀。

3. 取一半"步骤 1"倒入"步骤 2"中，用打蛋器混合均匀，倒回锅中，与剩余的牛奶搅拌均匀，以中火继续加热至 60℃，边煮边搅拌，直至浓稠状。

4. 将混合物倒在铺着保鲜膜的烤盘中，包上保鲜膜，放入冰箱，冷藏，备用。

草莓轻奶油

配方：

卡仕达酱	180 克
草莓果蓉	100 克
覆盆子果蓉	80 克
打发淡奶油	180 克

准备：

1. 将草莓果蓉和覆盆子果蓉混合，搅拌均匀。

制作过程：

1. 将卡仕达酱从冰箱中取出，用打蛋器搅拌至顺滑，分次加入草莓果蓉和覆盆子果蓉的混合物，混合均匀。

2. 加入打发淡奶油，用橡皮刮刀将其翻拌均匀。

组装

配方：

新鲜草莓	适量	巧克力配件	1 个
新鲜树莓	适量	PD 牌装饰片	1 个
打发淡奶油	适量		

准备：

1. 用小刀将新鲜草莓切成八等份，将一部分新鲜树莓切碎，备用。

制作过程：

1. 取出椰香达垮次，去除油纸，切成边长 1.5 厘米的小方块。

2. 用勺子舀适量草莓杏子果酱至杯子底部，约 1 厘米 ~1.5 厘米高。

3. 在草莓杏子果酱上挤入杏子轻奶油至四分满。

4. 放入切碎的椰香达垮次，每杯摆放 10 块 ~12 块。

5. 在椰香达垮次表面放上 3 个新鲜树莓和 3 片新鲜草莓。

6. 挤入草莓轻奶油至九分满。

7. 再用椰香达垮次、新鲜草莓和新鲜树莓碎进行装饰，但不要高出杯子边缘。

8. 在表面注入一层打发淡奶油，用抹刀抹至与杯口齐平。

9. 在表面盖上与杯口大小一致的圆形巧克力配件。

10. 将淡奶油装入带有 18 锯齿裱花嘴的裱花袋中，在巧克力配件的中心挤出圆形。

11. 最后放上 PD 牌装饰片做装饰。

花火

Maker || 和泉光一　　**Photographer** || 刘力畅

口味描述：
花火承载着梦想和美好的祝愿在夜空中绽放，柚子
奶油在舌尖化开就如璀璨的花火般充满惊喜。

SPARKS OF DREAMS

柚子达垮次

配方：

蛋白	562 克
幼砂糖	144 克
蛋白粉	5.6 克
日本柚子	1 个
杏仁粉	463 克
糖粉	373 克
低筋面粉	76 克

准备：

1. 用刨皮器刨出半个日本柚子的皮屑，备用。

2. 将杏仁粉、糖粉和低筋面粉混合，过筛，备用。

制作过程：

1. 将蛋白、蛋白粉放入搅拌桶内，用网状搅拌器中速搅拌，期间分次加入幼砂糖，打发蛋白至硬性发泡。

2. 倒入大盆中，加入刨好的日本柚子皮屑，用橡皮刮刀搅拌均匀。

3. 分次加入过筛好的所有粉类，翻拌至无干粉状。

4. 在 40 厘米 ×60 厘米烤盘内垫上油纸，将面糊倒入烤盘中，用曲柄抹刀抹平，并在表面筛上一层糖粉（用量外）。

5. 入烤箱，以上下火 160℃，烘烤 20 分钟左右。

6. 烘烤后冷却，用直径 5 厘米、高 7 厘米的小慕斯圈将其压出，放入小慕斯圈中，备用。

草莓慕斯

配方：

蛋白	16 克
幼砂糖	32 克
水	10 克
淡奶油	70 克
草莓果蓉	31 克
覆盆子果蓉	27 克
吉利丁片	2.3 克
冰水	14 克
覆盆子白兰地	5.8 克

准备：

1. 将吉利丁片用冰水浸泡，备用。

制作过程：

1. 将蛋白倒入搅拌桶中，用网状搅拌器搅拌至湿性发泡。

2. 将幼砂糖和水倒入锅中，加热煮至 118℃。

3. 将"步骤 2"缓缓倒入"步骤 1"中，打发至光滑细腻的蛋白霜。

4. 将淡奶油倒入量杯中，用手持均质机打发至湿性发泡。

5. 将草莓果蓉与覆盆子果蓉倒入盆中，混合均匀，取出一部分果蓉放入锅中加热，加入泡好的吉利丁片，用橡皮刮刀搅拌至吉利丁片完全化开，将其与剩下的果蓉混合均匀，最后加入覆盆子白兰地，搅拌均匀。

6. 加入打发好的淡奶油，混合均匀。

7. 最后加入蛋白霜，翻拌均匀。

8. 将慕斯装入裱花袋中，挤入模具至八分满，放入急速冷冻柜中，冷冻成型。

巧克力脆片

配方：

巧克力石头糖	64 克
法芙娜 40% 牛奶巧克力	130 克
榛果酱	80 克
黄油薄脆片	130 克

制作过程：

1. 将法芙娜 40% 牛奶巧克力隔热水化开，待其温度降至 45℃左右，加入榛果酱，用橡皮刮刀搅拌均匀。

2. 加入黄油薄脆片和巧克力石头糖，混合均匀。

3. 将混合物倒在一张胶片纸上，再覆上一张胶片纸，用擀面杖擀至 2 毫米厚，移至烤盘中，放入冰箱，冷冻，备用。

草莓果酱

配方：

新鲜草莓	120 克	吉利丁片	1.6 克
幼砂糖	96 克	冰水	10 克
柠檬	0.3 个		

准备：

1. 将吉利丁片用冰水浸泡，备用。

2. 将每个草莓洗净，用小刀切成四等份。

3. 用压汁器挤出柠檬汁，备用。

制作过程：

1. 将草莓块、柠檬汁和幼砂糖放入锅中加热，边煮边用橡皮刮刀搅拌，煮沸后再煮 2 分钟左右，待果酱温度达到 103℃时，离火。

2. 将果酱倒入塑料量杯中，加入泡好的吉利丁片化开，用手持均质机搅拌均匀。

3. 将果酱注入直径 4 厘米、高 3 厘米的矽利康 24 连球形模具中至五分满，放入急速冷冻柜中，冷冻成型。

小贴士：

手持均质机不要搅拌太久，稍微留点颗粒的果酱口感更好。

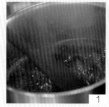

柚子奶油

配方：

淡奶油	461 克
牛奶	21 克
吉利丁片	2.3 克
冰水	14 克
白巧克力	113 克
日本柚子果蓉	41 克
日本柚子	0.3 个

准备：

1. 将吉利丁片用冰水浸泡，备用。

2. 用刨皮器将日本柚子刨出皮屑，备用。

3. 将白巧克力隔热水化开。

制作过程：

1. 将淡奶油倒入搅拌桶中，用网状搅拌器搅拌至中性偏湿状态，加入日本柚子皮屑。

2. 将牛奶倒入锅中，加热至煮沸，离火。加入泡好的吉利丁片，搅拌至吉利丁片化开。

3. 将"步骤 2"加入白巧克力中，用打蛋器搅拌至顺滑。

4. 加入日本柚子果蓉，用手持均质机搅拌均匀，呈浓稠状。

5. 将"步骤 4"倒入"步骤 1"中，用橡皮刮刀搅拌均匀。

6. 将柚子奶油装入裱花袋中，挤入柚子达垮次模具内，至六分满。

7. 放入冷冻成型的草莓慕斯，球形向下，用手压平。

8. 将剩余的柚子奶油挤入模具中至满，用 4 寸直抹刀将表面抹平。放入急速冷冻柜中，冷冻成型。

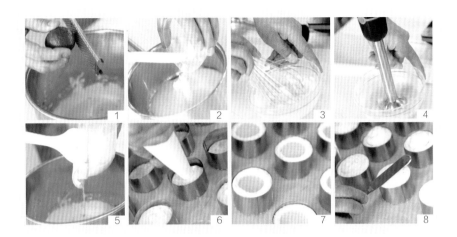

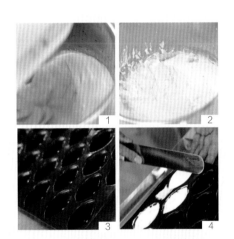

柚子香缇奶油

配方：

淡奶油	500 克
幼砂糖	90 克
日本柚子果蓉	40 克

制作过程：

1. 将淡奶油和幼砂糖倒入搅拌桶内，用网状搅拌器搅拌至中性发泡。

2. 加入日本柚子果蓉，用橡皮刮刀搅拌均匀。

3. 在小半椭圆形模具的内部喷上适量的脱模油。

4. 将柚子香缇奶油装入裱花袋中，挤入模具中至五分满，用勺子将奶油抹满模具的内壁，再挤入剩余的柚子香缇奶油至满，用抹刀将表面抹平，放入急速冷冻柜中，冷冻成型。

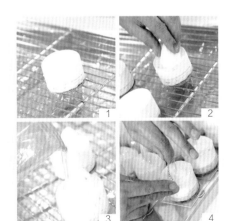

组装

配方：

巧克力配件	1 片	迪吉福中性镜面果胶	500 克
PD 牌装饰片	1 个	青柠	1 个

准备：

用刨皮器刨出青柠檬皮屑，并将青柠檬皮屑与迪吉福中性镜面果胶混合均匀。

制作过程：

1. 从冰箱中取出巧克力脆片，用直径 5 厘米的小慕斯圈将其压出，将柚子奶油脱模，放置巧克力脆片之上，与之对齐，放在网架上。

2. 将冷冻成型的柚子香缇奶油从冰箱中取出，脱模，放置在柚子奶油的中心处。

3. 在慕斯表面淋上事先准备好的镜面果胶。

4. 将慕斯用抹刀移到小金底板上，在柚子香缇奶油中间插上巧克力配件，旁边用 PD 牌装饰片做装饰。

青春皇冠

Maker || Emmanuele Forcone　　**Photographer** || 刘力畅

口味描述：

夏日的气息就像热带水果一样，甜蜜中带着微酸。在这特殊的时刻，为青春加冕，让生活充满热情和希望。

YOUTH CROWN

开心果饼底

配方：

扁桃仁粉	160 克
糖粉	320 克
蜂蜜（或转化糖浆）	40 克
土豆淀粉	60 克
蛋白 A	300 克
开心果泥	250 克
黄油（化开）	130 克
蛋白 B	210 克
幼砂糖	130 克

准备：

1. 将粉类过筛。

制作过程：

1. 将蛋白 B 和幼砂糖倒进打蛋桶中，用中慢速打发，打发至呈鸡尾状。

2. 将剩余的原材料全部倒进料理机中，用快速进行搅拌，呈膏状之后取出，倒在大盆中。

3. 在"步骤 2"中加入 1/3 打发蛋白，用橡皮刮刀拌匀。再加入剩余的打发蛋白，混合拌匀。

4. 将面糊倒入两个铺有油纸的烤盘中，每个烤盘上倒 800 克，用抹刀将表面抹平，入风炉，以 210℃烘烤约 10 分钟。

5. 出炉后用圈模压出饼底，备用。

1　　2　　3　　4　　5

椰子面碎

配方：

砂糖	100 克
低筋面粉	90 克
黄油	115 克
椰蓉	40 克
扁桃仁粉	60 克
白巧克力	130 克

准备：

1. 将低筋面粉和扁桃仁粉混合，过筛。

2. 将白巧克力隔热水化开，备用。

制作过程：

1. 将除了白巧克力外的所有材料倒进厨师机中，用扁桨搅拌至砂砾状。

2. 将混合物倒在铺有油纸的烤盘中，入风炉，以 150℃烘烤 15 分钟。

3. 出炉待凉后倒入盆中，加入化开的白巧克力，混合拌匀。

4. 取适量椰子面碎倒进镂空亚克力模具中，表面用抹刀抹平，取下模具，放上一片切好的开心果饼底，轻轻按压，使其黏在一起，备用。

1　　2　　3　　4-1　　4-2

热带水果果冻

配方：

百香果果蓉	126 克
芒果果蓉	76 克
香蕉果蓉	50 克
青柠皮屑	0.8 克
右旋葡萄糖粉	50 克
盐	1 克
吉利丁片	6 克
冰水	30 克

准备：

1. 将吉利丁片用冰水浸泡，备用。

制作过程：

1. 把芒果果蓉、百香果果蓉、青柠皮屑和香蕉果蓉混合，搅拌均匀。

2. 将泡好的吉利丁片、盐和右旋葡萄糖粉混合，搅拌均匀。

3. 取一部分"步骤1"加入"步骤2"中，搅拌均匀，放进微波炉中，加热至60℃左右。用橡皮刮刀搅拌均匀，使吉利丁片和右旋葡萄糖粉化开。

4. 将剩余的"步骤1"加入到"步骤3"中，用手持均质机搅打均匀，即可。

青柠芒果果泥

配方：

芒果果蓉	260 克
新鲜芒果丁	400 克
NH 果胶粉	4 克
幼砂糖	50 克
柠檬汁	20 克
青柠	1 个

制作过程：

1. 将芒果果蓉倒在锅中，加热。加入柠檬汁，混合拌匀，煮至沸腾。

2. 将幼砂糖和 NH 果胶粉混合，加入至"步骤1"中，边加入边搅拌，再次煮开。

3. 煮沸之后加入新鲜芒果丁，再次煮开。

4. 用刨皮器刨出青柠皮屑，加入"步骤3"中，再煮1分钟，离火。

5. 倒进事先准备好的模具中，放入急速冷冻柜，冷冻成型。

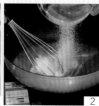

香蕉白巧克力轻奶油

配方：

白巧克力	200 克	吉利丁片	12 克
全脂牛奶	50 克	冰水	60 克
香蕉果蓉	375 克	半打发的淡奶油	500 克

小贴士：

1. 将白巧克力隔热水化开，备用。

2. 将香蕉果蓉加热至50℃。

3. 将吉利丁片用冰水浸泡，备用。

制作过程：

1. 将全脂牛奶倒入锅中，加热至煮沸。离火，加入泡好的吉利丁片，用橡皮刮刀搅拌均匀。

2. 在牛奶混合物中加入化开的白巧克力，搅拌均匀。

3. 加入香蕉果蓉，用打蛋器混合均匀，一起倒进量杯中，用手持均质机搅打至充分乳化，贴面覆上保鲜膜，放进冰箱，降温至35℃左右。

4. 取出"步骤3"，分三次加入半打发的淡奶油中，混合拌匀。

5. 将"步骤4"注入事先准备好的模具中约五分满，用橡皮刮刀将轻奶油抹到模具的内壁，待表面平整后，放入急速冷冻柜中，冷冻成型。

组装

配方：

白巧克力	120 克
可可脂	80 克
法芙娜镜面果胶	适量
绿色皇冠巧克力件	1 个

准备：

1. 将白巧克力和可可脂混合，隔热水化开，备用。

制作过程：

1. 取出冷冻成型的香蕉白巧克力轻奶油，倒上一层约0.8厘米厚的热带水果果冻，盖上一层开心果饼底。

2. 在缝隙处和顶部挤上适量的香蕉白巧克力轻奶油至九分满，盖上组合好的椰子面碎，用抹刀将表面抹平，放入急速冷冻柜中，冷冻成型。

3. 冻硬后取出，脱模，放置在转台上。巧克力喷枪中倒入白巧克力和可可脂的混合物，在慕斯体的表面喷上一层巧克力绒面。

4. 在慕斯体的顶部挤上少量剩余的香蕉白巧克力轻奶油。

5. 取出冷冻成型的青柠芒果果泥，脱模，用毛刷在表面刷上一层法芙娜镜面果胶。

6. 把做好的"步骤5"放置在慕斯蛋糕体的顶部中间位置，用抹刀轻轻地压一下，使其黏合。

7. 最后将绿色皇冠巧克力件围在青柠芒果果泥的周围，即可。

VIOLET BLACKCURRANT CHOCOLATE CONE

紫罗兰黑加仑巧克力甜筒

Maker || Martin Diez　**Photographer** || 刘力畅

口味描述：
巧克力和甜筒都具有神奇的魔力，丝滑的口感宛如羽毛拂过，搭配酸甜
的黑加仑，无疑是治愈心情的良药。

内馅 1

配方：

黑加仑果蓉	585 克
扁桃仁膏	360 克
34% 和风白巧克力	585 克
天然紫罗兰香精	3 滴

制作过程：

1. 在锅中加入黑加仑果蓉和扁桃仁膏，用打蛋器搅拌均匀，加热至沸腾。

2. 离火，用手持均质机将黑加仑果蓉搅打均匀。

3. 将 34% 和风白巧克力放入盆中，将"步骤 2"冲入 34% 和风白巧克力中，用打蛋器搅拌均匀，加入天然紫罗兰香精，再用手持均质机搅打均匀，备用。

内馅 2

配方：

黑加仑果蓉	125 克
黄色果胶	3 克
幼砂糖	60 克

制作过程：

1. 将黑加仑果蓉放入锅中，边加热边用打蛋器搅拌，加热至 40℃。

2. 加入黄色果胶和幼砂糖，边加热边用打蛋器搅拌，加热至 103℃。

3. 离火，倒入盆中，贴面覆上保鲜膜，放入急速冷冻柜，冷却，备用。

模型巧克力糖壳喷面

配方：

白巧克力	150 克
可可脂	150 克
紫色色淀	适量

准备：

1. 将白巧克力放入盆中，隔热水化开。

2. 将可可脂放入盆中，隔热水化开。

制作过程：

1. 将所有材料放入盆中，用橡皮刮刀搅拌均匀。倒在大理石台面上，用巧克力铲刀和曲柄抹刀调温，将喷面降温到 27℃。再刮入盆中，用热风枪将喷面加热到 31℃，备用。

模型巧克力糖壳

配方：

白巧克力	适量
紫色色淀	适量

调温：

1. 将白巧克力放入盆中，隔热水化开。加入适量紫色色淀，用橡皮刮刀搅拌均匀。倒在大理石台面上，用巧克力铲刀和曲柄抹刀调温，将巧克力降温到 26℃。

2. 再刮入盆中，用热风枪将喷面加热到 30℃，备用。

组装

配方：

翻糖花	适量
巧克力配件	适量

制作过程：

1. 模具喷面：将调温好的模型巧克力糖壳喷面倒入喷壶中，用喷枪在模具表面喷上一层薄薄的喷面，使其凝固。

2. 用巧克力铲刀将模具表面凝固的可可脂铲干净，然后将模具表面倒扣在毛巾上，将表面残留的喷面擦拭干净。观察可可脂是否结晶，若没有结晶，放入冰箱，冷藏 2 分钟后取出，放在室温冷却至 20℃以下。

3. 倒壳：将调温好的模型巧克力糖壳装入裱花袋中。

4. 将巧克力糖壳注入模具，震动模具，使巧克力中的气泡浮出表面，将模具反扣到容器上，敲动模具。

5. 反扣将巧克力倒出，用铲刀将模具表面的巧克力铲干净，放入冰箱冷藏，帮助巧克力结晶，5 分钟后，从冰箱取出放至室温。

6. 挤酱：将内馅 1 装入裱花袋内，酱料温度要低于 25℃，否则会使巧克力壳化开，将内馅 1 挤入巧克力壳至五分满。

7. 再将内馅 2 装入裱花袋内，挤入模具至八分满。

8. 将剩余的内馅 1 装入带有锯齿花嘴的裱花袋内，绕圈挤在表面。

9. 装饰：在表面放上翻糖花和巧克力配件，即可。

暴打荔枝

Author || 北京安德鲁水果食品有限公司

荔枝速冻果溶

蜜恋荔枝玫瑰颗粒果酱

ANDROS
安德鲁

CHUNKY LYCHEE FRUIT TEA

荔枝玫瑰果冻

配方：

冰粉	15 克
热水	200 毫升
安德鲁蜜恋荔枝玫瑰颗粒果酱	35 克

制作过程：

1. 将冰粉加入热水中溶解。

2. 加入安德鲁蜜恋荔枝玫瑰颗粒果酱，搅拌均匀，倒入模具中，冷却后放入冰箱冷藏，备用。

暴打荔枝

配方：

安德鲁荔枝速冻果溶	80 克
随果乐经典糖浆	20 毫升
茉莉绿茶茶汤	150 毫升
冰块	100 克
荔枝玫瑰果冻	4 颗 ~6 颗

制作过程：

1. 在杯底放入荔枝玫瑰果冻。

2. 将安德鲁荔枝速冻果溶、随果乐经典糖浆、茉莉绿茶茶汤和冰块一起放入冰沙机，搅打 5 秒钟。

3. 倒入杯中即可。

青草蜢

Author || 北京安德鲁水果食品有限公司

ANDROS
安德鲁

蜜瓜颗粒果酱

当翡翠宝石色的蜜瓜遇到麦香啤酒，

入口甜蜜、冰冽清爽，

空气中都是青草和自由的味道。

GREEN MELON BEER

配方：

安德鲁蜜瓜颗粒果酱	60 克
清爽型啤酒	240 毫升
冰块	150 克

制作过程：

1. 将安德鲁蜜瓜颗粒果酱和冰块加入出品杯。

2. 在出品杯中倒入清爽型啤酒至满杯，放上装饰即可。

小贴士：

建议使用绿蜜瓜制作的青色草蜢做装饰。

PASSION FRUIT & PINEAPPLE BEER

ANDROS
安德鲁

芳香可口的"果汁之王"，
热情奔放的凤梨女王与冰爽啤酒共舞，
果香浓郁清冽甘香。

西番莲菠萝颗粒果酱

热情煌

Author || 北京安德鲁水果食品有限公司

配方：

安德鲁西番莲菠萝颗粒果酱	60 克
清爽型啤酒	240 毫升
冰块	150 克
安德鲁速冻菠萝角	3 片

制作过程：

1. 将安德鲁西番莲菠萝颗粒果酱和冰块加入出品杯。

2. 在出品杯中倒入清爽型啤酒，用安德鲁速冻菠萝角装饰即可。

小贴士：

建议在杯中加入百香果果肉，并且用安德鲁速冻菠萝角做装饰。

加勒比的宝藏

Author || 北京安德鲁水果食品有限公司

樱桃速冻果肉果茸

配方：

安德鲁樱桃速冻果肉果茸	50 克
随果乐经典糖浆	30 毫升
黑朗姆酒	30 毫升
四季春茶汤	100 毫升
冰块	240 克
车厘子	1 颗
薄荷叶	1 支

制作过程：

1. 在出品杯中倒入随果乐经典糖浆、四季春茶汤和 100 克冰块，搅拌均匀。

2. 将安德鲁樱桃速冻果肉果茸、黑朗姆酒和 140 克冰块放入冰沙机，搅打均匀。

3. 将冰沙缓缓装杯，最后用车厘子、薄荷叶装饰即可。

CHERRY RUM

ANDROS 安德鲁

朗姆酒代表海盗之酒，
四季春茶代表长生不老的宝藏，
红色的樱桃象征人类的欲望。
混合以后茶香已经融到整杯饮料中，
海盗最终得到了"宝藏"。

北京安德鲁水果食品有限公司是欧洲水果加工行业的领导者，总部坐落于法国西南部的比亚斯小镇，在 16 个国家拥有 33 家工厂。旗下拥有 Andros 专业餐饮、爱果士，果乐士，Bonne Maman 蓓妮妈妈（法国果酱第一品牌），Pierrot Gourmand 倍乐果等知名品牌。

ANDROS 官方微信公众号

行业大咖云集，
共同演绎行业新风向

Writer || 缪蓓丽   **Photographer** || 刘力畅   王东

第二十八届上海国际酒店及餐饮业博览会于 4 月 1 日上午九点隆重拉开帷幕，经过 28 年的积累和发展，展会规模和行业影响力已跻身世界一流水平。该展会聚集世界级先进制造业集群，成为世界级酒店及餐饮设备制造品牌汇聚地，围绕加快迈向全球产业链方向快速发展。

本次展会面积达到了 23 万平方米，汇聚了来自中国、意大利、西班牙、美国、德国、日本等 2567 家国内外展商，其中海外品牌及直接展商逾半数以上。本次展会吸引了来自 123 个国家和地区的 159267 名各相关行业观众参展，较去年增加了 8.88%，其中海外观众 7502 名，较去年增长 46.1%。

一直以来，HOTELEX 不断提升其规模与质量，从多视角、多维度、多媒介出发，全方位满足供应商与专业买家之间的不同需求，实现高质量的"合作·共赢"，并全面提升展会专业品质，"精品化"概念全面落实。展会现场注重互动式的新体验消费，培育和营造具有国际竞争力的新型展会环境。

今年，HOTELEX 将继续以"赛事、展示、论坛"全方位提升展会软实力，本届展会的赛事活动亦属历年最多。国际赛事、行业大师秀等都以多样化的展现形式吸引更多业内人士的关注与参与，同时，这也是国内选手走上世界舞台的竞技场。

从今年展会的展商类型上看，咖啡、茶饮和冰激凌是近年来酒店市场快速发展的行业。上海国际咖啡美食文化节（Shanghai Coffee & Foodie Festival）作为展会现场的咖啡美食欢乐嘉年华，自 2017 年创办以来，每年都受到咖啡爱好者的追捧。今年上海咖啡节活动再度升级，集合百余家小资生活、文艺气息、独立创意、全新理念、世界级的网红店铺，从咖啡豆到挂耳包一应俱全，满足咖啡迷的所有需求。

第二十八届上海国际酒店及餐饮业博览会
（HOTELEX Shanghai 2019）
时间：2019 年 4 月 1 日—4 日
地点：上海新国际博览中心
（上海浦东新区龙阳路 2345 号）

◆ 咖啡类赛事

由 World Coffee Events 授权的国际级咖啡类赛事是 HOTELEX 的"经典招牌",分别是 2019 世界咖啡师大赛中国区总决赛、2019 世界拉花艺术大赛中国区总决赛、2019 世界咖啡杯测大赛中国区总决赛、2019 世界咖啡烘焙大赛中国区总决赛。各大比赛最终的冠军将代表中国出征世界大赛,为中国的咖啡事业发展助力。

同时,WCE All Stars(世界咖啡全明星巡演)邀请了旗下国际级咖啡赛事冠军及优胜者们现场助阵,他们以精湛的咖啡技艺为咖啡爱好者带来了精彩绝伦的表演和冠军级咖啡饮品。

◆ 饮品调酒类赛事

饮品调酒类比赛具有很强的观赏性,在众多赛事中分外夺目,第六届上海国际潮流饮品创意制作大赛全国赛、2019 第八届中国国际调酒大师赛总决赛暨亚洲调酒师全明星对抗赛、2019 上海国际手工冰激凌大师赛华东赛区 & 总决赛,每一场赛事都极具看点,获得整个饮品行业的关注。

从近几年饮品行业的发展可以发现,"健康主义"已经成为行业发展的新消费趋势,饮品外形更时尚、店铺装修更精致、原材料使用更健康等是新茶饮时代的代表,它们更能唤起大众对饮品的消费欲望。冰激凌在中国经过多年的发展,不再只是夏季的产品,人们对冰激凌的品质追求也有进一步提升。因此在本次展会现场,冰激凌展商数量较去年有所增加,手工冰激凌大师赛也备受从业者关注。

◆ 烘焙及餐厨烹饪类比赛

餐饮设备、烹饪食材和高端烘焙板块在 HOTELEX 依然占据非常重要的地位,现场赛事活动层出不穷,精彩纷呈。2019 "凯伍德" CLW 烘焙甜点精英赛暨 2019 世界烘焙甜点 & 蛋糕大赛中国区选拔赛、第七届世界面包大赛中国队选拔赛、2019 上海国际披萨大师赛华东赛区 & 全国总决赛 、2019 意大利披萨世界大赛中国区选拔赛及意大利面制作秀、2019 中华节气菜大师SHOW、2019 HOTELEX "明日之星" 厨师大赛、2019 艺术与科学厨房实验室(Kitchen Lab)。

2016 年开始,HOTELEX 引入代表世界面包制作最高水平之一的世界面包大赛,旨在促进烘焙技艺发展,挖掘餐饮业烘焙面点的市场潜力和优秀人才,为专业烘焙师提供一个竞技和表演的舞台。

◆ 千人论坛、大咖集体亮相

HOTELEX 论坛专区为餐饮人提供了一个交流互动平台,为大家搭建一个权威、高效的资源对接平台,为期三天在 ET5 和 NT1 两个论坛区进行了六场行业大咖汇集的论坛。分别有 2019 餐饮供应链高峰论坛、2019 餐饮春季高峰论坛、2019 中央厨房建设与发展高峰论坛、2019 餐饮设计高峰论坛、2019 春日饮品峰会、2019 中国新烘焙影响力峰会。行业大咖带领从业者从行业发展的六大维度出发,深挖行业动向,解析未来行业发展趋势。

◆ 烘焙赛事升级

HOTELEX 一直致力于中国烘焙板块的推广，每年展会都会举办专业的烘焙赛事，培养烘焙人才。已经连续举办五年的 CLW 烘焙甜点精英赛在本次展会中升级为 FIPGC 世界烘焙甜点 & 蛋糕创意大赛中国区选拔赛，每个项目的冠军将与一名教练一同代表中国队出征米兰，这是烘焙人通往梦想舞台的直通车。

本次 CLW 烘焙甜点精英赛分为三个项目，比赛要求与评委阵容都与国际赛事接轨，在这样一个竞技舞台上，他们将会以最严苛的要求和独到的眼光去挖掘最有潜力的烘焙新生力量。并取消了往年的展评赛段，全部升级为现场实操竞技，这对参赛选手的实力水平和临场发挥能力的考验也更加严苛。

项目一：翻糖造型摆台

主题：爱

制作时间：6 小时

制作作品：一个连底座 60 厘米 ×60 厘米 ×120 厘米以内的翻糖蛋糕造型（聚苯乙烯蛋糕假体）；一个直径为 20 厘米（8 英寸）的单层蛋糕；纸杯蛋糕（12 个，其中 6 个作为口味测评）。

项目二：巧克力造型和巧克力糖果

主题：梦

制作时间：6 小时

制作作品：一个连底座 60 厘米 ×60 厘米 ×120 厘米以内的巧克力造型；1 种模具巧克力糖果；1 种手工巧克力糖果。

项目三：拉糖造型和大慕斯蛋糕

主题：未来

制作时间：6 小时

制作作品：一个连底座 60 厘米 ×60 厘米 ×120 厘米以内的拉糖造型；2 个大慕斯蛋糕。

从三年前开始，展会规模不断扩大，由于受场地限制，主办方决定将展会拆分成两期，Hotelex 二期于 4 月 25 日在上海新国际博览中心举行，主要展出酒店家具、布草、安防智能系统、设计与装修、酒店照明、清洁与商业新零售等领域，展出面积同样达 20 万平方米。如果将两个展会合并，总面积将超过 40 万平方米，它已经成为世界最大规模的酒店与餐饮行业贸易展览会。

作为新时期旅游行业展现精品化、赛事国际化的重要展会，Hotelex 已经成为高品质展商新品发布和展示的首选平台，展会现场每年都不断涌现新技术、新理念、极具特色的设备及产品，为酒店及餐饮领域演绎着无数前沿话题。

HOTELEX 2019 下一站看点：

第四届北京国际酒店用品及餐饮博览会	第六届成都国际酒店用品及餐饮博览会	第五届广州国际酒店用品及餐饮博览会
时间：2019 年 7 月 1 日—3 日	时间：2019 年 8 月 28 日—30 日	时间：2019 年 12 月 12 日—14 日
地点：北京国家会议中心 E1-E4 馆	地点：成都世纪新城国际会展中心 2-5 号馆	地点：广州保利世贸博览馆 1-6 号馆

全球烘焙人交流行业发展的年度盛宴

Writer || 缪蓓丽　　**Photographer** || 刘力畅　　王　东　　葛秋成

2019 年第 22 届中国国际焙烤展览会 Bakery China
时间：2019 年 5 月 6 日—9 日
地点：上海浦东新国际博览中心（全馆）（龙阳路 2345 号）

近年来，随着家庭烘焙市场规模的不断扩张，中国烘焙行业开始进入快速发展模式。Bakery China 作为国内专业面向焙烤与家庭烘焙市场的全国性平台，每年展会期间都有数以千计的新产品和新技术亮相，同时展会主办方也积极提供多维度的支持，鼓励企业开展新产品与新技术论坛、发布会等活动。

本届展会使用了上海新国际博览中心全馆 17 个展厅以及部分室外展区，共计超过 22 万平方米，容纳超过 1.3 万个标准展位；吸引了来自 30 个国家和地区的近 2300 家企业参展，现场观众来自 110 多个国家和地区，在参观人次上更是较上年增长超过 20%。本次展会调查结果显示，国际展商对于参展效果的满意度超过 95%，90% 以上的国际展商续订了明年的展位。海外买家较上年持续增长超过 40%，对于现场参观采购的满意度也均超过 90%。

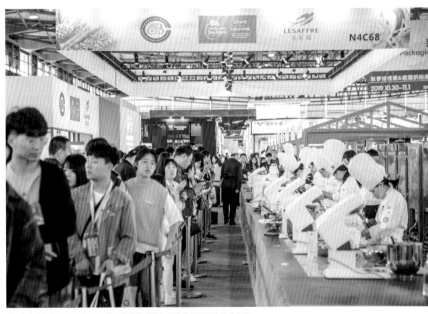

▲ "王森杯"第九届全国职业技术学校（院）在校生创意西点技术大赛

▲ 2019 中国焙烤行业发展（春季）高峰论坛

▲ 王森教育集团 E6 展位

TREND VANE

引领烘焙行业发展新趋势

随着消费水平的提升，轻盈健康的生活方式日益成为年轻一代的消费生活理念和时尚。Bakery China 作为中国烘焙行业发展的风向标，自 2015 年设立咖啡饮品冰激凌轻食展区开始，历经 4 年发展，见证焙烤及周边产业融合发展的同时，推动着轻盈健康生活方式的发展。今年该展区规模进一步扩大，总展出面积超过 2 万平方米。该展区内不仅涵盖咖啡饮品成品、原料、设备，还融入了茶饮、咖啡创意、培训等更为丰富完整的产业链。

本届展会共举办了 20 多场高规格的会议论坛，吸引了更多专业观众到场参观。其中首次举办的"金城杯"2019 中国焙烤行业发展（春季）高峰论坛，分别邀请了六国面包大师、八位法式甜品大师、披萨世界冠军等各国行业技术大师、世界冠军、商业领袖诉说匠人精神，聚焦中国本土市场，助推中国焙烤匠人技术与商业转型发展。

EVENT

赛事活动精彩纷呈

Bakery China 作为行业的大平台，不仅仅展示来自世界各地的优质产品与技术，同时也是行业技艺比拼的大舞台。全国焙烤职业技能竞赛作为国内具有行业权威性的大赛已成功举办了 20 届，此外，展会同期还举办了"王森杯"第九届全国职业技术学校（院）在校生创意西点技术大赛、第五届"MBA 咖啡拉花艺术大赛"等精彩纷呈的赛事活动。

另外，有两场世界杯级赛事首次齐聚 Bakery China，每四年一届的"路易·乐斯福"杯世界烘焙大赛（面包世界杯）中国区选拔赛以及每两年一届的"西点世界杯"中国区选拔赛，优胜选手将代表中国参加亚太选拔赛，更有机会赴法国参加全球大师赛。这些赛事不仅为烘焙师提供了一个实践与施展才华的平台，也为焙烤食品行业培养了大量优秀人才。

VISUAL FEAST

文创和大咖的视觉盛宴

在过去精彩的 20 年中，王森教育集团一直致力于美食教育和美食文创的发展。本次现场展位共分为三个部分，主题灵感主要来源于王森老师对烘焙甜点孜孜以求的品味设计、创新精神、以及匠心工艺。此次不仅邀请了多位外教和中教大咖在现场演示，而且首次将王森美食文创作品带到了现场，观众可以近距离观赏到用巧克力等食材制作的精美艺术品。

CULTURE & CREATIVITY

在钻研烘焙的灵感与技艺发展的同时，王森教育集团对获取体验的过程也渐渐萌发出浓厚的兴趣，在本次展会的现场设计中，他们建立了独创的文创艺术长廊——美食魔法森林，开创性的融合了视、听、嗅、味、触五感触点，以求能够达到独一无二的艺术体验，为观众带来对美食的全新认知和向往。

除了美食艺术品外，也是首次展出王森老师收藏多年的美食艺术臻品——17、18世纪欧洲最传统的甜品模具。它们高端华丽的质感和岁月雕琢的痕迹使得这些稀有的美食艺术瑰宝显得更加弥足珍贵，使观众徜徉于300年前欧洲甜品浪漫和优雅的氛围中。

艺术展会与美食品牌是一种创新的结合方式，艺术推动品味，品味引领潮流。王森教育集团作为美食文创颠覆创新实践的第一家机构，打造美食跨界的艺术空间，创新求变，传播美食的无穷魅力。

随着本次 Bakery China 的圆满收官，秉持以创造"用户价值"为目标的办展理念，通过创新挖掘和满足行业产业升级与消费升级需求，持续为全球焙烤行业领袖、专业人士以及各类焙烤产业从业人员、爱好者提供创新思维的分享平台，助力中国焙烤行业创新发展。

王森教育集团美食魔法森林 ▼

◄
· 第五届"MBA 咖啡拉花艺术大赛"
· "路易·乐斯福"杯世界烘焙大赛（面包世界杯）中国区选拔赛

敬请期待：2019 中国焙烤秋季展览会 & 中国家庭烘焙用品展览会 / 时间：2019 年 10 月 30—11 月 1 日 / 地点：上海新国际博览中心

传播中国咖啡文化，圆梦世界咖啡舞台

Writer || 缪蓓丽

2019 年 4 月 12 日，世界咖啡冲煮大赛（WBrC）和世界咖啡师大赛（WBC）在美国波士顿举行，他们是每年由世界咖啡协会（WCE）承办的卓越的国际咖啡大赛，来自世界各地的顶尖咖啡师在这三天的赛程中激烈地争夺着冠军头衔。尽管我国咖啡文化的普及至今仍未能达到国外的水平，但国内却不乏参加赛事的咖啡师，并且在 4 月 15 日凌晨传来了一个振奋人心的喜讯，代表中国的咖啡师杜嘉宁在 WBrC 中夺冠，这是中国内地的第一位世界咖啡冠军。

WBC 和 WBrC 被誉为"承载着咖啡师梦想的世界顶级赛事"，作为全球顶级咖啡师切磋技艺、交流经验的国际平台，选手们必须经过专业的训练和严格的评判，才能获得最高的荣誉。每年 WCE 举办的赛事会在不同的国家和城市举办，其成员国多达 56 个。近日主办方宣布这两场比赛将在 2020 年回归澳洲墨尔本，这将是澳洲继 2013 年之后第二次举办这两项世界级赛事。

世界咖啡冲煮大赛（WBrC）

WBrC 着重考察参赛选手冲煮咖啡的萃取技艺以及服务的专业水准，评审将会根据咖啡服务、专业技能和整体表现等方面对选手进行评分。比赛分为初赛和决赛两个阶段，初赛有指定冲煮及自选冲煮两个项目，而在决赛中以自选冲煮为主。指定冲煮是让每名选手在同样的咖啡豆下通过不同的冲煮手法呈现出咖啡风味，而自选冲煮则是用自己的咖啡豆表现出来的。

在每个比赛阶段的每次冲煮过程中，参赛者需要分别准备和制作三杯饮品，由三名评审品评选手呈送的咖啡。主审会评估呈送饮品的一致性和整体的流程，这些项目都会在总分中有所体现。另外，参赛者可以根据自己的需求选择任何冲煮设备，只要符合大赛的规定即可。

中国内地首个世界咖啡冠军的诞生

咖啡师杜嘉宁来自 UNIUNI 咖啡馆，在踏上巅峰前她曾经分别获得了 2015 年世界咖啡师大赛中国赛区第三名、2016 年和 2018 年世界咖啡师大赛中国赛区冠军。而她入行的契机竟是去咖啡店偶遇明星未果，最终被一则咖啡师招聘广告所吸引。

在此次自选冲煮比赛中，杜嘉宁选用了超浅烘焙（烘焙时间 4 分钟）的巴拿马 90+ 瑰夏搭配 Origami 折纸滤杯进行冲煮，这一款滤杯出水孔大、肋槽深，水通过咖啡粉的速度更快。她选择了平底滤纸与之搭配，与圆锥形滤纸相比，它能使咖啡粉厚度更薄，有助于均匀萃取，从而营造出干净有层次的风味。

在研磨方面，杜嘉宁采用的是双重研磨。她先将咖啡豆磨成粗颗粒，尽可能地筛掉银皮后，再进行第二次研磨，最终得到粉粒分布均匀的咖啡粉，咖啡的干净度和风味清晰度会更高。另外，在影响咖啡风味的因素中，水质也很重要。为了得到更好喝的咖啡，杜嘉宁在冲煮咖啡的水中加入钙、镁离子，它们能增加水的萃取能力，带出咖啡更多的风味。

准备工作完成后，杜嘉宁用布粉器将咖啡粉均匀地分布在滤杯中央，继而借助拉花针松散粉层，让水能快速通过所有粉粒。她在整个注水过程中双手注水十分精确，并将注水过程分为四个阶段，在每个阶段萃取出不同的可溶物，通过改变注水速度控制不同阶段的水粉接触时间。

最后她将咖啡注入特别设计的杯子中，这一款杯型设计能够释放更多香气，并且直接用杯子饮用可以增强风味。杜嘉宁说道："这支咖啡的特别之处就在于它的多层次风味、愉悦的酸质、结构清晰的醇厚度和触感，以及所有特质交织在一起的平衡感。你能在口腔中感受到圆润和高雅，就像在欣赏一场大提琴演奏会，这些都是我对这支咖啡的爱！"

咖啡师在赛场上需要在短暂的时间内承受着极大的压力去制作咖啡，他们精益求精的态度和孜孜不倦的努力值得热爱咖啡的每一个人的敬佩。杜嘉宁此次夺冠是具有跨时代意义的世界冠军，这也代表了中国咖啡行业已经进入世界领先水平。

世界咖啡师大赛（WBC）

WBC 旨在引领咖啡潮流、传播咖啡文化，同时为全球职业咖啡师提供一个表演、竞技和交流的平台。该赛事每年在各地举行分区赛事，经过层层选拔后角逐世界冠军。比赛中选手要在 15 分钟内完成意式浓缩、卡布奇诺和创意咖啡，来自世界各地的 WCE 评委将对每个作品的口感、洁净度、创造力、技能和整体表现做出评判。

此次夺得世界咖啡师大赛冠军的是来自韩国 Momos Coffee 的全珠妍。她选择较低的操作台，使评委可以坐在操作台旁与自己面对面交流，将评审现场布置成咖啡师接待咖啡消费者的样子。评委们纷纷表示："以前从未见过这样的展示"、"很有感觉"、"很时尚"。她还选择了碳水化合物含量丰富的哥伦比亚 La Palma El Tucan 农场的"西德拉"品种，这是她去年直接前往原产地测试过的咖啡品种。她大二在咖啡店打工时，第一次接触到咖啡，经过十多年的努力，终于在世界咖啡师大赛上实现冠军梦想。

中国队选手朱金贵连续 5 年参加比赛，终于在 2018 年中国赛区取得头筹，他还因执着的精神获得了"犀牛哥"的外号。今年，他站上了梦寐以求的舞台，尽管在此次比赛中没有取得名次，但我们依然为他感到骄傲，也预祝他在未来的比赛舞台上越走越远。

另外，在 2019 年 4 月，获得此次世界咖啡师大赛中国区总决赛冠军的是代表王森教育集团旗下的苏州 Coffee Artist 参加比赛的孙磊（Simon）。获得了那张象征荣耀可以通往世界赛场的门票，在世界的舞台上为中国争夺荣誉。

从对咖啡的懵懂入门，再到 2019 年世界咖啡师大赛中国区总决赛（CBC）冠军，一路走来，孙磊一直坚信：越努力，越优秀。他相信任何事情付出总会有回报。在这次比赛中，孙磊将对咖啡的理解浓缩在这 12 杯咖啡里，表达了很丰富的内容，采用了不同地域的咖啡豆与食材，将风味融合，制作出了层次丰富的浓缩咖啡。

中国咖啡行业正蓬勃发展

杜嘉宁和孙磊所获得的冠军对国内咖啡界来说无疑是一件值得庆贺的事。我们拥有不断地挑战自我、去做得更好的咖啡师。打动我们的不是单纯的一个名次，而是咖啡师对一切的执着。

如今，国内的咖啡市场正迎来飞速发展，这种发展在不同的人眼里有不一样的意义。但比起过去，我们变得更容易喝到一杯咖啡，也更容易喝到一杯好的咖啡。属于中国的咖啡文化正慢慢地扎根并壮大。从语言、咖啡知识到接受运用，需要很长的时间去学习理解，不过我坚信不久的将来，中国咖啡的水平也会在世界前列。

探访酵母业界翘楚——安琪

Writer || 栾绮纬   **Photographer** || 安琪酵母

▲ 俞学锋：安琪酵母股份有限公司董事长

很多人或许不清楚，中国最早的酵母企业是"上海酵母厂"，是由德国人于 1922 年在上海建立的，上世纪九十年代倒闭。1986 年 10 月 22 日，在宜昌龙家冲的大潭包山坡上，"活性干酵母工业性试验项目"奠基，这个项目归属于改革开放初期发展高新技术的国家计划，其开展的主要目的是开启中国现代酵母工业，当时的单位名叫"宜昌食用酵母基地"。这个基地就是安琪酵母的前身。

提到安琪，大家或许都不陌生了。"老太太发面不着急，发面的宝贝叫安琪"，这句上世纪 90 年代的广告词，在 80 后和 90 后的印象中应该非常深刻，尤其是在北方以面食为主的省份。广告中安琪的包装上红蓝标志像天使的翅膀，也似逐渐发散的光芒，配以"安琪"、"Angel"的中英文标志。在那个年代，多数人都以为这是一个国外品牌。其实它是一个地地道道的中国品牌。

新潮，时尚。这两个词不单单只是对它的包装而言，安琪酵母所倡导的"用酵母来制作馒头"的新式思维，也对传统厨房技术提出了最直接的挑战，这个挑战过程，漫长而艰辛。

用科学技术走出一条新路

如果你来自北方，在儿时遥远的时光里，你或许还记得奶奶或者妈妈制作的老面馒头，醇香四溢，缓慢绵长。但是用老面制作馒头，用时非常长，且易滋生不良细菌。我们或许已记不清在上世纪 90 年代的哪个节点里，酵母就突然闯入了我们的生活，从此在厨房中生根发芽，成了一名常客。

对于大众来说，一小袋酵母走入厨房是一件偶然新奇的事情，而安琪要让中国数以亿计的群众都发生类似的"偶然"，于是艰辛地走了十几年的路。

1989 年，安琪酵母董事长俞学锋在北京王府井做现场演示，对酵母使用做推广，告诉大众酵母是什么。1997 年，安琪酵母营销中心和 25 个办事处陆续成立，开展"酵母下乡"的活动，一群技术人员每天早上 6 点逐个走访每个乡镇、每个批发部，向大众去解释"什么是酵母"、"怎么使用酵母"。最初很多商家不敢也不愿去尝试这个东西，在一次一次的接触中，技术和销售人员一遍又一遍的将信息和酵母科学传输到大众的脑海里。

现在，酵母已是非常常见的厨房用品了。而安琪已在酵母生产的基础上开展出更多、更广阔的科学生产之路，在以酵母培养为核心的产业发展中，安琪一直以一种新的方式、一个新的概念、一种新的挑战开拓生物科技中的新领域。

酵母含有丰富的蛋白质、B 族维生素、氨基酸等物质，可以为人们提供必须的蛋白质、维生素等，如安琪纽特酵母蛋白粉、酵母锌、酵母硒等产品。多年来，安琪纽特始于品质、基于服务，以口碑立市，成为行业内为数不多的研发高投入、服务高投入的保健品牌，赢得了广大合作伙伴及消费者的肯定和信赖。

除了人类营养之外，酵母也同样服务于动物营养与植物营养，比如酵母广泛应用于动物饲料的蛋白质补充剂。它能促进动物的生长发育，缩短饲养期，增加肉量和蛋量，改良肉质和提高瘦肉率，并能增强幼禽畜的抗病能力；此外，安琪酵母依靠优质的酵母发酵有机资源，以酵母源生化黄腐酸为核心，依靠生物技术，致力于土壤改良及养殖水体调控，成为了绿色生态农业的倡导者和践行者。

酵母是生物科技下的伟大产物，它能创造的和已经创造出来的，都将对我们的生活产生极大的影响，或许你现在就可以去家中的厨房，拿起一瓶酱油或者一袋调味品，看一下产品的配料表，也许你能发现"酵母"其实已经无处不在了。

FIND A NEW WAY WITH SCIENCE AND TECHNOLOGY

▲ 1989 年俞学锋董事长在北京王府井做现场演示

▲ 1997 年安琪开展的酵母下乡

▲ 安琪酵母股份有限公司总部（湖北宜昌）

用人才弥补企业的短板

酵母的培养与生产离不开其营养源，即糖蜜。这个先决条件使安琪酵母在最开始就处于了一个非常大的劣势——厂址宜昌没有大型糖工厂，这也就意味着要想得到原材料，需要付出巨大的运输成本，因为5吨~7吨糖蜜才能生产出1吨酵母！而当时国内其他两家酵母厂，都有糖业公司支撑。

安琪在当时还是科研单位，没有资金运作，只能通过贷款等途径。即便产品生产出来，宜昌及周边地区也不是使用酵母最集中的地区，货物运输也是一个大的问题。在"两头在外"的劣势下，安琪要走出一条路，需要发展起来，只能靠人。俞董事长说："安琪正是利用人力资源的优势弥补了这些劣势，可以说安琪是知识经济的产物。"

安琪的成长靠人才，依赖人力资源的优势得以发展，俞董事长一句话总结了安琪发展的基础，"要追赶国际先进技术，要重视人才，集聚人才，把人才的作用发挥到极致。"

安琪在人才发展战略上有很多具体措施，主要是两方面：一是培养人才，二是留住人才。酵母是个细分的行业，这个行业如何做大，只有到全球市场上才能做大，也就是国际化。围绕这个战略奋斗，俞

董事长进一步介绍道："管理层要充分调动基层人员整体的事业追求，这项大目标的实现工作非一日两日，要让员工心甘情愿地服务于安琪。"

在2016年安琪30年庆典时，俞董事长在会上总结时说道："把骨干员工当成合作伙伴是安琪成功的根本经验，也是安琪人力资源的工作理念，具体体现在八个途径上，即共同的目标、积极的引导、共享的信息、友好的机制、足够的空间、充分的尊重、明确的激励和谐的环境，而安琪一直在坚持且不断完善这些途径。"

另外，在公司发展中，积极主动引导员工也很重要。将企业追求与个人追求融合为一体，一起为民族追求而奋斗，是安琪最鲜明的精神特色。作为安琪发展的领头人，俞董事长强调："要充分调动大家的责任感和使命感。使命感源于我们代表的中国酵母工业。其实年轻人在骨子里也是有保卫国家、为民族荣誉奋斗的精神的，作为领导者要做的就是如何去调动。"

公司尊重技术人员，对于老员工，公司会举办庆功活动，表彰其对公司的贡献，与此同时也可以让其他员工看到公司是如何崇尚技术的。公司的过去和未来都是要依赖人才，最终企业的发展也要依靠人才。

▲ 安琪酵母股份有限公司三十周年纪念广场（湖北宜昌）

从 2001 年开始，公司开始聘用很多海外高级技术人才，包括国外顶级的专家，给公司带来新的技术，涉及各个领域。国内与国外的技术交流与融合，让相关的技术人员收获很多，对工作的提升有很大帮助。安琪同海外很多公司也有战略合作，包括一些工程技术公司。

安琪对人才的重视，也得到了较好的反馈。那就是安琪的骨干员工非常稳定，流失的很少很少。在安琪公司中，很多员工是在毕业后就来到安琪工作的，在这里奋斗了 30 多年的骨干员工非常多。

MAKE UP FOR THE SHORTAGE OF ENTERPRISES WITH TALENTS

▲ 安琪酵母股份有限公司食堂标贴，宣传减盐行动

▲ 安琪酵母股份有限公司食堂

用企业文化营造一个家园

走在安琪产业园中，会让人有一种重回校园的感觉。白大褂、实验室、绿荫道、满墙的爬山虎和大食堂。

说到安琪的食堂，这里也是个非常有意思的地方。安琪的食堂是明档，从外面就能看到内里的操作。而且食堂是承包制，且分几家承包，每家每天的菜品、价格信息、操作人员信息都会展示在橱窗上，通过他们的采购产业链可以清晰的追溯出菜肴使用的食材是从哪些地方采摘过来的，在制作时也会用到很多安琪自有的产品。

安琪在发展过程会开发出很多支链企业，比如说在开发米发糕预拌粉时，安琪会收购水稻种植基地，这个基地除了为这个产业链供送原材料以外，还会为安琪的食堂服务，将新鲜食材发送至安琪食堂。这样的事情发生的多了，安琪食堂餐桌上的产品就愈加有趣，有自产的酸奶制品——喜旺，这个品牌在宜昌当地随处可见。同样来自安琪，类似的还有油条、馒头等相关材料或产品。

食堂里也随处可见"节约"、"减盐行动"等多方面的饮食宣传，时刻提醒员工们饮食注意事项与养生知识。

俞董事长还列举一些安琪是如何给员工提供服务的例子。比如对于适龄年轻人关心的婚恋问题，安琪鼓励大家互相介绍朋友，且设立红娘奖。同时和一些医院、学校搞"联姻"活动；对于家庭成员生病、无人照顾的，公司也有专门的员工服务组织，可以为家属寻求适合的医生，甚至帮助照顾家里老人，诸如此类。

BUILDING A HOME WITH CORPORATE CULTURE

安琪酵母股份有限公司海外广告牌 ▶

安琪初建时,只有30多名员工。到如今,安琪已在全球155个国家和地区建立了经销点。30多年的经营,已让安琪成为了一个国际型企业。对于如何维护这个"大家园",俞董事长提到:"公司大量人员在外地,特别是技术骨干、管理层、销售人员经常全球的奔波,对于这些员工来说,如何关心大家的家庭,是我们特别和尤为关注的。"

如今,安琪已走在国际化的道路上。多年的经营已让国内的员工非常熟悉且喜爱安琪固有的企业文化,那么国际上的其他伙伴呢?

埃及工厂是安琪走向国际化的第一步。在2011年和2013年,埃及都经历了非常大的政治动荡,这两次安琪公司高层都从中国飞往埃及,与埃及工作人员一起共度难关。

▲ 海外员工在安琪酵母股份有限公司总部(湖北宜昌)

在国外建造工厂,不但要实现自我的企业目标,同时也要尊重当地文化和政策。在埃及工厂建造初期,安琪就确定了"建好埃及安琪,服务埃及经济"的主体发展思路。

埃及是一个穆斯林国家,很多文化与我们差别很大。在埃及工厂开工建设的同时,安琪先后聘用了50位喜欢安琪事业的埃及青年,安排他们来安琪总部培训和学习,时间长达一年。在这段时间内,他们接触、了解并融合了安琪的企业文化,为后期埃及公司的稳固奠定了坚实的基础。

安琪的核心价值观之一是"员工为本",多年来始终坚定着这个准则,无论这位员工来自哪里。在员工同企业一起成长的过程中,经营管理者始终没有忘记和忽略在这奋斗背后的支撑与温情。

▼ 安琪酵母股份有限公司海外工厂（俄罗斯）

▼ 安琪酵母股份有限公司产品

CREATE A NEW WORLD WITH LOVE AND FOCUS

用热爱与专注创出一片新天地

1997 年，安琪改制成立了安琪生物集团，并于 1998 年发起设立股份有限公司。从 1999 年开始，安琪分别在全国范围内建设子公司，设计"东西南北中"的生产布局。2013 年，安琪走出国门，在埃及建设海外工厂。2017 年在俄罗斯建设第二家海外工厂。

上世纪 90 年代初，安琪酵母刚刚起步，在那个年代，"酵母"作为一个产品对大众来说是非常陌生的。西方国家的酵母多用于烘焙西点，而烘焙在中国市场上也是一个新词。在如此窘境下，安琪开展了以酵母为核心的中式面点和酿酒酵母事业，在市场狭窄的初期，为安琪酵母的生存撕开了一个口子。在酵母市场扩充的时机，恰好也是中国烘焙市场的快速发展时期，安琪就将研发重点放在了国内高糖酵母的开展上。

中国烘焙市场上的面包种类与西方不同，当时国内人喜欢吃软质、高糖高油的面包，而与之对应的高糖酵母的研发与生产却是困难重重，安琪组织研发人员，开展了十多年研发，终于研究出了安琪高糖酵母。这项技术，即便在现在，全球也只有两三家企业和机构能够生产和制作。

2019 年 5 月 5 日，中国焙烤食品糖制品工业协会第六届会员代表大会暨六届一次理事会在上海召开。俞学锋等四人被授予"中国改革开放四十周年焙烤食品糖制品产业终身荣誉奖"。

回溯过往，展望未来。俞董事长提到："做公司、做事都不能急功近利，要踏实。未来是无法预见的，要坚持把每件事情做好，一个一个目标去实现，在发展壮大的过程中逐步看到公司未来的方向。公司也是上市后才提出一个很明确的战略目标，那就是要做国际化的大公司。目标明确，立足酵母，以专业化的技术去判断酵母是可以为人类创造出具有丰富价值的产品和业务，所以安琪会将全部精力耕耘在这个领域，不受外界任何其他因素的影响。"

多年耕耘与发展，安琪始终在做以酵母为核心的产业链。依靠科技进步引领中国现代酵母工业的发展，成为了全球成长最快的酵母品牌。真正做到用热爱与专注开创出了一个新的天地！

COFFEE COMPETITIONS AND ITS IMPACT TO THE COFFEE INDUSTRY
咖啡竞技与对咖啡行业的影响

Writer || 潘俊明

我是从 2007 年开始参加咖啡比赛的，随后便在各类咖啡师比赛、咖啡冲煮大赛、杯测大赛中担任过评委。2018 年，我的角色从评判选手逐渐转变为评判咖啡。我从事的是咖啡咨询和培训工作，这让我有机会在全球各地参加各式各样的咖啡比赛。这次我想和大家分享的观点，主要出自我作为比赛评委以及与主办方合作的经验，同时我还会和大家谈一谈咖啡竞技对咖啡工业发展的影响。

咖啡竞技主要可分为两类：第一类是咖啡专业人士或爱好者相互竞争，其中包括咖啡师大赛、滴滤咖啡冲煮大赛、拉花比赛、杯测比赛、咖啡鸡尾酒比赛，当然还有咖啡烘焙比赛。另一类是咖啡专家对咖啡进行评判，从不同产地、生产商及种植者生产的咖啡当中评选出品质最好的。第二类比赛更像是红酒工业的红酒品鉴。正如我刚刚提到的，在过去几年，我更多地参与了第二类比赛的评审当中。我本人对此非常感兴趣，且个人的进步也随之加快不少。

第一类比赛在这些年经历了多次革新，初

期始于美国和欧洲，例如 USBC 或是欧洲精品咖啡协会咖啡师大赛等。当时咖啡比赛的形式很简单，目的也比较单纯，即帮助塑造和提升咖啡师的形象，对咖啡师们做出的努力予以褒奖，同时起到推广和普及咖啡消费的作用。咖啡师和咖啡的普及度，与种植园、生豆处理等是密不可分的。比赛中获胜的咖啡师，以及咖啡师使用的咖啡，其实为种植者提供了很多帮助，让他们有机会借此展示自己的产品。

那么问题来了，谁还能记得上一届咖啡师大赛前三名选手使用的是什么豆子？现在你肯定开始在网上搜索答案了吧。而你肯定记得冠军咖啡师、咖啡机和磨豆机的名字，甚至知道主评委或是其他评委的名字。咖啡师从比赛中赢得了声望，评委们也从中分了一杯羹。人们花费了大量的资金用于从世界各地搬运比赛用的设备和个人用品，在我看来，咖啡竞技发展至今，俨然已经变成了类似好莱坞红毯的活动。如今咖啡竞技的确达成了部分初衷，我们选出了好的意式浓缩咖啡师、好的滴滤咖啡师、好

的杯测师、好的烘焙师和好的拉花艺术家；这些人通过比赛一举成名，他们成为了很多年轻人学习和效仿的榜样。但究竟有谁能记得他们比赛时使用了哪些咖啡豆？或是谁烘焙了他们的比赛用豆？又是谁种植和生产了这些咖啡豆？

我个人作为咨询师在很多咖啡产业链企业中所体会到的，是第一类比赛带来的另一个影响。在咖啡产业链中，无论是供货商、设备制造商还是咖啡厅，在负责管理和制作的咖啡师中，每年都有很多人想要参加比赛，这其实给人力资源部门造成了很大的困扰和挑战，且每年都不得不去面对它。

首先，要不要支持他们参加比赛？如果支持，企业对他们的投资能得到怎样的回报？其次，是不是因为企业给他们提供了赞助，就必须和他们签订时间更长的劳动合同？实际上，很多选手因为在比赛中有出色的表现，对自己制作咖啡及向公众进行自我展示的能力得到了提升，从而更加自信，这使得很多人都不会急

于和公司续签合同，因为他们想要从比赛中找到更好的发展机会。

可是如果企业不支持咖啡师们参加比赛，不给他们提供赞助或相应的培训呢？那么咖啡师必须向雇主请假，并用自己的积蓄为比赛做准备。那么一些咖啡师傅会从其他渠道获取赞助，而这很有可能与公司的利益产生冲突。尤其对于那些仍很年轻、迫切想要证明自己的咖啡师而言，他们不会拒绝任何形式、任何渠道而来的赞助。这其实给他们在职的企业造成了很大困扰，如果从第三方获取资金、时间或其他形式的赞助，他们现有岗位的工作质量肯定会大打折扣。如果咖啡师并没有及时告知雇主他们从外部获取了赞助，举一个也许不恰当的例子，这像是一个国家的大使在本国政府不知情的情况下从他国赚取利润，两者的情况从本质上是一样的。

而另一种情况是，咖啡师完全用自己的积蓄为比赛做准备，且对于比赛的结果并不在意；由于公司并没有给他提供任何形式的支

持，那么他们离职的可能性就会大大增加。虽然这种情况稍微好一点，但最终的结果仍是咖啡师的流失，并且从其他地方获取更好的资源来参加比赛。这将导致公司每到比赛季，就必须不断地雇佣新的咖啡师来填补岗位的空缺，从而进入一个循环。

上述这些情况，我相信每一家咖啡企业的人力资源部门都曾经遇到过。虽然比赛能够帮助咖啡师个人获得进步和提升，但给企业带来的帮助从某种意义上来说，确实微乎其微。尤其是当咖啡师成为超级明星之后，他们的心理会发生变化，变得更加重视个人利益和形象。同时想要自己创业的冲动和信心也会变得更强，因为比赛给他们打开了新的大门，有更多新的机遇摆在他们的面前。

从 2012 年开始，我就在观察中发现了第一类咖啡比赛中存在上述问题。这也引导我开始逐渐向第二类比赛的评委转型，即参加"超凡杯"咖啡品鉴比赛。"超凡杯"成立于 1996 年，此项比赛目前已覆盖了 11 个咖

啡原产国，旨在帮助和引导种植者提升咖啡品质，并对获奖作品予以褒奖。比赛自成立以来获得了巨大成功，也催生了"最佳巴拿马咖啡"等其他类似性质的比赛。

对我个人而言，参加咖啡和咖啡对抗的比赛，而非人和人对抗的比赛，不仅让我重新找回了对咖啡的热爱，也重新找回了我爱上咖啡的初衷。让我能够专心做自己擅长的事情，那便是与我的顾客分享我所热爱的咖啡，并真正感受咖啡的价值所在。让我去分享咖啡故事，让更多的人了解那些只能用有限资源培育高品质咖啡的种植者。并且去帮助改善种植者的生活，让他们获得更高的回报，而非简单地把咖啡当作一种商品。通过品尝上百种产自各个产地的咖啡，我个人获得了更大的满足，从中挑选出品质最好的，去嘉奖那些管理种植园的种植者、生产者以及他们的家庭，去与他们建立个人的情感联系。亲爱的读者，我希望有一天你也能和我一样，找到咖啡的真谛。这无关你和我，而是关乎那些为咖啡默默付出的他们。

作者简介：

潘俊明目前是一名精品咖啡协会（SCA）授权培训师和认证师，主要负责感官分析、烘焙、冲泡和咖啡师的技能培训，同时他还是"超凡杯"感官教育培训咨询师，及"超凡杯"比赛主评委之一。他于 2018 年 4 月获得德国 Coffee Consulate 的"咖啡学大师"称号，被认证为 Coffee Consulate 培训师。他曾在 JCO Coffee and Donuts 集团及 The Coffee Academics 提供过咨询及培训服务，他很清楚，人是一家公司最重要的资产，企业需要重视及帮助员工提升技能和知识。他教授给学员的不仅是尊重和职业精神，还包括生活及工作的很多方面。

¤ 专访·世界甜点及拉糖冠军 Emmanuele Forcone

烘焙是我生命中不可或缺的内容

Writer || 缪蓓丽　**Photographer** || 刘力畅　**Translation** || 诸格澎　**Video** || 卢书若

CAFE&GATEAUX

Emmanuele Forcone

个人介绍：

2003 年，在意大利里米尼的 SIGEP 上获得甜点冠军；

2004 年，国际甜点比赛 Disfida di Barletta 上打败法国获得第一名；

2005 年，意大利里米尼的 SIGEP 上获得甜点冠军；

2008 年，获得 Torta alla Zagara 杯意大利甜点冠军；

2009 年，成为 Accademia Maestri Pasticceri Italiani（意大利甜点大师学院）学员；

2010 年，意大利里米尼的 SIGEP 上获得甜点冠军；

2013 年，担任 Marcello Boccia 教练，获得甜点世界杯拉糖单项冠军；

2014 年，在意大利里米尼的 SIGEP 上获得甜点冠军；

2015 年，法国里昂甜点世界杯冠军。

Q: 老师是什么原因吸引您进入甜点行业的？在进入行业初期有没有遇到什么困难？

A: 其实我进入甜点行业是机缘巧合。因为小时候我想做一名厨师，在我很小只有 13 岁的时候我就开始学习做厨师。在这过程中，我上过一次烘焙课，从那以后，我就爱上了烘焙艺术并决定置身其中。因此，我对烘焙艺术一见倾心，这是一件意想不到的事情。

在进入行业初期，我进行了不断的训练与积累。最初我在餐厅的饼房工作，后来去了酒店的饼房，最后才进入了一家真正的糕点店。在这过程中我各方面的能力都得到了锻炼，并且产生了对烘焙的热爱。这是一个很艰难的过程，因为烘焙这门技艺是需要花很多时间的，需要不断的实践，因此我投入了大量的精力来学习这门技艺。尽管过程艰难，但现在的我很快乐。

Q: 在人们的眼里，法国象征着浪漫，而法式甜点又代表着优雅、热情和甜蜜，在您的心目中，甜点对您的生活起着怎样的作用？

A: 在我的生命中，除了我的家庭以外，烘焙对我来说就是全部，因为当你去做一件喜欢的工作的时候，它就会让你产生一种强烈的热爱。烘焙会让我愿意每天全身心的投入，并调动我全部的积极性和热情。对于烘焙，我愿竭尽全力保持创新与探索。因此对我来说，烘焙是我生命中不可或缺的一部分。

Q: 您多次在 Sigep 比赛中获得甜点冠军，您能和我们分享一下您获奖的经验吗？

A: 我在意大利里米尼的烘焙展上获得过四次甜点冠军，之后在法国里昂甜点世界杯上夺冠，这些对我来说都是我职业生涯里至关重要的部分。

从某种意义上来说，比赛会锻炼你很多的能力，会让你超越自我。因此，从我参加的第一项比赛直到我获得世界冠军的比赛，每一次比赛都给我留下了一些特别的东西。最重要的就是经验，当你每参加一项比赛，给你带来的最重要的东西就是能获得很多的经验，而这种经验能让你每次都比其他人多进步一些。因此，比赛并不仅仅意味着达成个人目标。在某种意义上，除了每天的工作以外，通过比赛的方式也能让你不断地提升自己各方面的能力，让你变得更全面、更优秀，也可以让你试验一些在日常生活里接触不到的事情。

Q: 您多次获得世界甜点冠军和拉糖冠军，这些头衔或荣誉对您个人的生活、工作及未来发展有什么影响吗？

A: 获得世界甜点冠军其实是实现了一个梦想，因为在获得意大利甜点冠军之后，最大的期待自然就是能够获得世界甜点冠军。对我来说，在法国里昂甜点世界杯上夺冠意味着全部，我为了夺冠投入了大量的时间。我学习了很多，分析了很多，通过一个由不同的人组成的队伍，最终我们才取得了如此重要的成果。意大利第一次夺冠是在 1997 年的时候，而第二次是由我们在 18 年之后获得的，因此，从情感层面而言，夺冠的喜悦与激动是不可言喻的。对我来说，从国家的层面上看，夺冠有着更重要的意义，因为我和我的队伍一起获得了意大利甜点冠军，并让意大利队第二次获得世界甜点冠军。这不仅仅是一个只属于我和我队友的荣誉，而且是整个意大利烘焙行业所获得的荣誉，所以这种意义对我来说才是最重要的。

就这些头衔和荣誉而言，获得世界甜点冠军具有重要的意义，它给我带来了大量的国际知名度，也帮助我拓宽了在国外的工作渠道，并塑造了个人形象。我希望这些头衔和荣誉能够让我今后的工作开展得更加顺利。

Q: **在甜点的制作和研发过程中，老师觉得食材、工艺、造型和口感哪个方面是最重要的？**

A: 这些是非常重要的四个要素，它们彼此之间应该保持完美的平衡，因为就食材而言，它是决定甜点品质的第一大要素，而品质意味着一个好的甜点，不仅要好吃，而且要美观。优秀的甜点应该要有好的食材、好的口感和好的造型。而我把它称为美学，因此看着我做的甜点时，我必须是能感觉到快乐的，而这种快乐源自于从美学和造型方面甜点散发出的魔力，这一点对我来说是很重要的。我每年都会为一些公司设计甜点和模具来研发新式甜点，并与它们保持着合作。总而言之，为了制作成功的甜点，食材、工艺、造型和口感，这些要素都同等重要。

Q: **您制作的水果慕斯堪称经典，这些造型是您自己设计模具制作的吗？**

A: 是的，制作水果慕斯的模具是我设计的，并交由一个叫作 Pavoni 的意大利公司制造出来的。很早之前我就有制作水果模具的想法，比如做出一款草莓形状的草莓慕斯，其他像梨之类的水果慕斯也可以做出来。这种模具的设计是以餐饮业的需求为基础的，如果在餐厅的饼房制作一款吹糖工艺梨需要很多技巧来完成，由于糖会化开所以存放不了太久，于是我想到了通过制作模具来让大家都能不费力地做出这种造型，让它变得简单易学。

Q: **您研发的提拉米苏甜点与常规的造型和层次都不同，您的设计灵感来源是什么？**

A: 我特别喜欢改变甜点的造型，通过更加创新的版本来诠释经典的造型，到处都可以成为我设计灵感的来源。有些来自于艺术的世界，有些来自于身边的技艺，当然有些也来自于当前社交媒体化历史时代中的大量灵感，还有些来自于其他的同事。然后我就会借助这些灵感并根据我的个人风格，来创作出那些让人耳目一新的甜点。

BAKING IS AN INDISPENSABLE PART OF MY LIFE.

Q: 您为比赛研发的产品与为店铺研发的产品会有一些差异吗？您会根据不同地区的特点研发产品吗？

A: 是的，为比赛研发的甜点和店铺中的甜点差别很大。售卖的甜品会稍微简单一些，因为需要大量制作，所以要减少制作步骤，如果步骤太多太复杂，自然会提高制作难度。而在比赛里面往往制作过程更复杂，工艺更多，以获得视觉和口感上的最佳效果，因此比赛中的甜点会从模具、设计、造型以及口感上下功夫。

关于针对不同地区特点而研发的甜点，我特别喜欢做的一件事就是去品尝一些当地的特色菜，以此来研发出符合当地口感并迎合当地特色的甜点。

CREATIVE INTERPRETATION OF CLASSIC DESSERTS

Q: 老师在作品中经常会运用淋面和喷砂的手法，如何才能做出和您一样完美的作品呢？

A: 借助硅胶模具来制作甜点是一件很重要的事情，尤其是冷冻好甜点，这样当我们再把它从硅胶模具中取出来的时候，就已经能够获得有完美造型的甜点，在这种基底完美的状态下，淋面就变得很简单了。制作好的甜点需要掌握如何完美淋面的知识，同时需要有好的配方，一旦我们掌握了这些，一切就变得更简单了。如果我们不用硅胶模具，而是采用传统模具的话，我们需要完美地制作出表面光滑的甜品，这样才能很好地淋面。

Q: 您个人最喜欢的一款甜点是什么？它有什么故事吗？

A: 总的来说，我个人最喜欢的甜点是朗姆巴巴，它是一款具有意大利特色的甜点，尤其是在那不勒斯地区最为常见。朗姆巴巴口感好是因为里面加入了用朗姆酒做的糖浆和淡奶油，我很喜欢吃。在欧洲大家基本都知道朗姆巴巴，在其他国家也有很多人制作它。它的来源无从得知，但在意大利还是广为人知的，因为如果你随便进入一家那不勒斯的甜点店，你总是能发现它的身影。

Q: 您经常受邀到世界西点名校去上课，在您的教学过程中有遇到过什么问题吗？您又是如何解决的呢？

A: 最近这些年，我的足迹遍布全世界，我会去各国的西点学校上课，而问题是经常会遇到的。很多时候，主要还是由于材料的原因，因为材料有时会变来变去。比如我们平时习惯使用的某一种材料，而在世界的另一个地方，会变成他们习惯使用的另一种奶油，或者是不一样的巧克力，有时候甚至是不一样的面粉。因此，这就需要找到一种巧妙的替代方法，同时需要有解决问题的经验。当我遇到问题的时候，我会去想如何找到一个解决办法，找到一种补救的措施，然后行动起来。因为一旦在世界的另一个地方上课的话，我的课程是必须要完成的，所以如果遇到急速冷冻柜冷却效果不佳的情况，我就会采取提前一天冷冻，第二天再淋面的方法。

Q: 您觉得中国甜点行业的现状与您多年前来上课时有哪些进步，未来又将会如何发展？

A: 当我第一次来到苏州的时候，就被我所看到的雕塑作品和园林建筑深深地打动了，并感到非常高兴，因为这里有惊人的雕塑作品。从艺术层面上看，我认为王森咖啡西点西餐学校有很高的艺术水准，并且是全世界最好的西点西餐学校之一。事实上，当我在欧洲的时候，我也会常常带着钦佩之情和别人讲起这段来到中国上课的经历，因为这里的艺术水平真的很高。和四年前第一次来中国相比，我注意到了中国甜点行业的进步是惊人的。今天，当我再次来到王森咖啡西点西餐学校的时候，这里不仅有先进的急速冷冻柜、烤箱等机器，还有来自全世界的甜点师。因此在我看来，中国甜点行业的变化是翻天覆地的，中国甜点行业的未来可期，必将有更大的发展。

Q: 甜品行业是一个发展十分快速的行业，老师是如何一直保持创新力的呢？您对现在年轻的甜点师有什么建议？

A: 为了保持高水平的创新力，需要不断从周围事物得到启发，从而产生灵感。这就意味着我们要找寻新鲜事物，尤其是从社交媒体获得信息，从那些在世界上发生的事件里获得灵感。因为如果只有一个大脑在思考的话，那么整个世界都是局限的，而如果集思广益，例如借助于 Instgram 这样的社交媒体，我们就能够获取一些非常重要的信息，这些信息就可能是我们灵感的来源。此外，调查研究也是很关键的，我们可以通过它得到创新，而调查研究是一种需要不断付出时间和精力的投资。比如我在意大利的学校上课时，每天课程结束以后，我会待在教室花五六个小时来做一些新产品的测试，以及对那些现代化的甜点进行创新。

对于现在年轻的甜点师，我的建议是接受教育，来到像王森咖啡西点西餐学校这样专业的学校里上课，因为在这里可以了解到烘焙的秘密以及这项技艺的艺术，我真诚地建议年轻的甜点师可以接受这样全面系统的教育，学到所有制作甜点的秘密，并找到那条适合自己发展的道路。此外，或许有一点也很重要，那就是拥有一段在国外学习的经历，比如去欧洲或者其他可以深入了解烘焙技术的地方学习。

扫码立即观看
Emmanuele Forcone
独家采访视频

专注和好学是常伴一生的态度

Writer || 缪蓓丽　　**Translation** || 周璇　　**Video** || 李成诚

CAFE&GATEAUX

Neil Abrahams

个人介绍：

2006 年，荣获墨尔本挑战赛年度厨师；

2009 年，在悉尼 Restaurant of Champignons 中赢得金牌；

2011 年，在悉尼 Restaurant of Champignons 中赢得金牌；

2012 年，荣获澳大利亚餐饮服务最佳厨师；

2013 年，参加迪拜 Hot Kitchen 比赛，团队获得总冠军；

　　　　荣获 WACS 太平洋冠军；

　　　　荣获澳大利亚餐饮服务最佳厨师；

2014 年，当选澳大利亚烹饪协会主；

2018 年，当选世界厨师协会亚太区理事长。

FOCUS AND EAGERNESS ARE A LIFELONG ATTITUDE

Q: 老师您最初是怎么进入到西餐行业的?

A: 30 年前,我开始了烹饪生涯,当我还在学校的时候,我会去一些快餐店打工,之后就去一些咖啡馆和小餐馆工作。16 岁的时候,我想要接受一些正式的培训,所以我决定去大学学习。在那里我拿到了三级证书,以及商业烹饪的资格,这些对于一个厨师来说是很重要的证书,总共花了四年的时间。之后我去不同的酒店、大的机构以及各种俱乐部工作,在此过程中获得了很多的经验。

Q: 对您的职业生涯产生重要影响的老师是谁?

A: 我有过很多老师,不能说哪一个是最重要的,在我的职业生涯中有很多重要的导师。很多年前,我的第一位主厨告诉我食物在厨房里的价值,以及在酒店行业生存下去所需的职业道德。当然还有其他的导师,他们告诉我很多酒店管理的知识。Ric Steven 是我多年来的偶像,他是亚洲区理事长,现在住在新加坡。

Q: 可以简单讲讲您与西餐的故事吗?

A: 我觉得我是很自然的接触到西餐,因为我来自澳大利亚。但是并不意味着西餐或澳大利亚菜是不同菜系的融合,因为它是一个很年轻的城市,所以它有很年轻、生动的产品,也有高品质的产品,一路走来我一直在学习和进步。

Q: 在过往 28 年的职业生涯中,从一名西餐厨师到澳大利亚烹饪协会主席,您个人对西餐的理解和认识有哪些改变吗?

A: 在澳大利亚,作为任何协会的主席,你都要对你的成员以及成员的需求负责。所以我做的第一件事就是聆听成员们的想法,了解他们想要什么、他们希望看到菜肴有什么样的改变以及如何改变。当然菜肴不仅仅是改变,更多的应该是保护技巧和教育。经过几十年的发展,有一些技巧失传了。所以和年轻厨师们一起工作是一个全球性的举动,而不是地方性的,我们要接受并确保一些技巧在澳大利亚是被传承的。

SOMETIMES SIMPLE IS THE BEST

Q: 您曾获得过多次国家、国际奖项，并当选澳大利亚烹饪协会主席和世界厨师协会亚太区理事长，这些荣誉或身份对您的工作和生活产生了什么影响吗？

A: 我不知道自己是不是一直想要成为澳大利亚烹饪协会主席或者是世界厨师协会亚太区理事长，我想是我的能力和一种自然因素驱动我朝那个方向前进。就像我之前说的我不是一直想要成为烹饪协会主席，而是因为当地的协会不得不这样，比如我从家乡当地的协会那里滋生出了这样的激情，从而和厨师们为了行业的利益一起工作。

Q: 澳大利亚的西餐文化与欧洲的西餐文化是一样的吗？

A: 我想不同国家的西餐都是不一样的，西餐是一个很笼统的称呼。就像中餐一样，我们知道中餐受各个地区的影响，产生了很多不同的菜系，西餐也是一样，英国、法国、意大利和澳大利亚的食物都不一样。澳大利亚是一个多元文化的国家，你可以找到来自很多国家的人，从食物中也能反映出这个现象。澳大利亚和澳大利亚的厨师有着很好的能力去适应来自不同地区以及全世界的不同食物，并且从中发展出了他们自己风格的菜肴。上世纪 90 年代我们把它叫做融合，在经历了探索期后，现在确实发展出了自己的风格，这不是传统的风格，而是新的来自全世界的不同风味，将亚洲和欧洲的风味综合到一起。所以我不认为澳大利亚的西餐和欧洲的西餐是一样的，我认为它们有很大的差异。

Q: 很多人认为吃西餐的氛围和食物一样重要，对于这点您有什么看法？

A: 对我来说，食物是分享，是和家人、朋友坐在一起，分享一顿饭。无论是西餐、中国菜，还是摩洛哥菜，对我来说都是这样。一个人出去吃一碗面是非常孤独的，当有一群人跟你一起谈话、交流时，似乎面条吃起来都更美味了。所以食物是我们社交生活中重要的一部分，当然它也是我们生活的必需品，我们要为了生存而吃。

Q: 西餐中也会强调"不时不食"的理念吗？

A: 是的，作为一名主厨，我认为我们需要去强调这种理念。现在是一个全球化的社会，我们可以从全世界去选购不同季节的产品，但是我还是认为要讲究时令，了解当季的蔬菜是很重要的，我认为这对健康有益。

Q: 西餐从食材到摆盘都十分讲究，您认为西餐最大的魅力，或者说西餐艺术最大的核心元素是什么？

A: 艺术是一种个人的事情。当一个厨师将食物摆到盘子里的时候，他是在表达他的艺术手法。所以说重要的不是他们想要通过那个菜表达什么，而是这道菜只是简单地给人们去分享，还是为了市场而做，或者为了高端市场，我们就要花更多的时间来做这道菜，让它看起来更好、更具艺术性。有时候为了有不同的颜色，让它看上去很好看，而在盘子里放很多装饰，这对食物并不是很好。有时候简单就是最好的，但是如果你有更多的技巧，你就会有更大的进步空间。

HAVE A PASSION FOR FOOD

Q: 您觉得西餐的食材和制作手法，哪个更重要？

A: 他们一样重要。如果你挑选一个最好的产品，这个产品会让你在烹饪方面更容易。如果你选择了一个比它差的产品，作为一个专业厨师，我们通常有一切、二切，两者也是有区别的，他们烹饪的方式不同。作为一个厨师，处理食物、改变食物、使用食物，从产品本身创造出一些东西，所以有好的产品是最好的。也许我不是冷冻肉的爱好者，我认为新鲜的或冷藏的肉总是最好的，而不是冷冻的，因为这会降低它的水分。但是你做这些东西的环境也很重要，所以我们需要了解这种食物在不同的烹饪方式下会怎么样，用我们的烹饪技巧使这个食物达到最好的状态。

Q: 一名合格的西餐厨师需要具备哪些素养呢？

A: 在西方社会，我主要说澳大利亚，因为不同国家的教育标准是不同的。在澳大利亚的证书是商业烹饪三级证书，申请到这个证书之后你有资格说你是一个合格的厨师，当我们拿到证书之后，就可以继续前进。但证书并不总是那么重要，对个人而言，只要我们对食物有热情，就可以继续成长。所以这真的是看个人的，有证书是好的，接受过正式的训练是好的，但是我们需要进步。

Q: 老师您个人作品中最满意的一道菜是什么？

A: 我不能说是一道菜，而是两道菜。因为在澳大利亚，我们有年度国际厨师大赛，在 2012 年，我赢得了年度厨师的称号，并在 2013 年，我又一次获胜。我做的这两道菜是完全不同的风味，一道菜是欧洲风味的，另一道菜是亚洲风味的。因为在澳大利亚从来没有人连续两次赢得这个比赛，所以对我来说连续两届赢得这个比赛是一个很高的荣誉。

Q: 您个人的作品有什么特点？

A: 我是一个自我激励的人，我会被我感兴趣的事物所激励，其中一件事就是吃。我喜欢食物，喜欢烹饪，所以我周围的不仅是食物，而是产业。我不想变成一个大师，我不想成为主厨，我想继续做学生去学习。我很高兴我能传递知识，只是我也希望能吸收知识。

Q: 您平时设计菜肴的灵感来源是什么？

A: 所有事物都可以成为我的灵感。在小餐馆或咖啡馆里，如果是午餐时间或早餐时间，我会试着从新鲜产品中寻找灵感。尤其是午餐，我喜欢套餐。像我今天上课做的一些菜，我喜欢猪肉的组合，将一些肉和沙拉组合在一起。晚餐时间，我的灵感有一些不同，我喜欢加入不同的风味，我会进行首次切割和二次切割，并确保在摆盘中使用了很多技巧。我会从食物本身寻找我需要的灵感。

Q: 人们常将西餐和中餐做对比，老师您来中国以后有没有吃过印象深刻的中餐？

A: 我喜欢中国的食物，实际上，我喜欢所有的食物，不管它们来自哪里。最近我去了西安，吃了面条，这是令我印象深刻的。原因很简单，口味有点辣，面条的质地很好，汤也很好喝。其实重要的不是呈现出什么样子，而是用来做面条的原料是很好的。

Q: 您觉得西餐和中餐最大的区别是什么？

A: 对我来说最大的区别不是食物本身，而是厨房烹饪的方法，做中餐和做西餐的锅是很不一样的。作为一个中餐厨师，需要很多年来练习用锅烹饪的技巧。而在西餐中，你只要负责自己的部分。所以对我来说，最大的不同就是食物的准备和烹饪方式的不同。当然最后呈现出的食物也不一样，中餐中有更多的米饭、淀粉、蔬菜，而西餐口味更重。当你看那些最基础的烹饪原则时，炖、蒸、炒，这些与中国的烹饪方法是一样的，但是最后呈现的口味是不一样的。

Q: 您觉得目前西餐在中国饮食市场中占比如何？未来西餐在中国市场将会如何发展？

A: 我觉得这是一个新兴市场，这对中国和中国的饮食文化是一个令人兴奋的时刻。我相信在接下来的 10 年里，烘焙产业将会做得很大，我相信西餐也将很流行，不管是成为一种趋势或者是一种方式，我相信 10 年以后我们会看到。

Q: 您觉得学生在上课中最容易遇到的问题是什么？在面对这些常见问题时有什么好的解决意见？

A: 有一些学生，他们想要尽可能多的学习，但是现在的学生和 20 年前的学生不一样了。科技在改变，我们教学的方式改变了，手机让他们很快地就能找到配方，然后开始烹饪。我给学生们的建议是不要认为你什么都知道，还是要继续学习。即使你在学校的学习结束了，进入到工作的地方，还要继续从其他人那里吸收知识、寻找灵感，对我们来说，学习那些东西是很重要的。以荷兰辣椒油为例，它是西餐中很重要的一个酱汁，我会教学生们做这个酱汁，他们一旦掌握了原理之后，就可以把它变成十种不同的口味。让学生们了解烹饪的制作原理，而不仅仅是单纯的教学，这对我们来说是最重要的。

KEEP LEARNING NEW THINGS

扫码立即观看

Neil Abrahams

独家采访视频

¤ 专访·巧克力苞花工艺创始人 武文

用甜点为生活创造幸福感

Writer || 缪蓓丽　　**Photographer** || 刘力畅 葛秋成

CAFE&GATEAUX

武文

个人介绍：

2000 年至今，担任王森咖啡西点西餐学校甜点研发师和甜点老师；

2005 年，多次给国外团队授课指导；

2007 年，多次给国内知名蛋糕品牌进行技术指导；

2008 年，研发创立巧克力苞花工艺项目，出版《巧克力装饰件》书籍；

2009 年，带队比赛，多次获金奖；

2010 年，参与中国台湾巧克力巡回展演；

2012 年，参与上海巧克力梦公园作品设计与制作；

2013 年，参与青岛世界园艺博览会产品设计与制作；

2013 年至今，为 DQ、韩国 LINE COFFEE、奥利奥、沐汐与花季等多家知名个性甜品店研发特色甜点；

2014 年，著有《顶级甜点》等书籍；

2017 年，参与《玫瑰与饼干》电视剧的拍摄，并受邀担任该剧组的产品设计总监；

2018 年，作为"杰出青年"，经共青团苏州市吴中委员会在全区以"青年烘焙师"形象进行宣传。

在绿树掩映的旺山深处，坐落着 2000 平方米的美食研发中心，穿过这一片魔法森林，仿佛进入了爱丽丝的奇幻世界，走过一条狭长的木栈桥，美食研发中心的主体建筑矗立在眼前。武文身着一袭长裙，与身后的青山绿树构成一幅美丽的图画，果然在这样人与自然和谐统一的环境下才能孕育出这样优雅的人和美食。武文将采访的地点选在三楼会议室，这里玻璃结构的外墙与室外的山林浑然一体，伴着悦耳的鸟鸣声，心绪也格外平静。

怀揣梦想步入西点行业

16 岁那年，武文来到王森学校学习蛋糕制作，当时学校的毕业生能够百分之百分配就业，就业在那个时代还是比较困难的，所以刚好有这样的机会，她就和几个同学一起来学习西点。尽管怀着同样学习技术的初心来到这里，但最终坚持下来的也只有半数。

此时王森咖啡西点西餐学校刚刚成立，作为第一届学生，学习内容以当时流行的裱花蛋糕为主，那时国内其他的甜点、翻糖、拉糖工艺等都处于刚刚起步的阶段。武文说："在曾经的西点行业流传着一句话——一朵玫瑰打天下，只要会做玫瑰花，通过不同的摆放方式和颜色搭配，就能做出很多种款式的裱花蛋糕。"

那个时代的蛋糕就是这样简单，也许原料也不够健康，但它依然是可望而不可即的美好。武文一边回忆一边和我分享童年的趣事："从业二十余年来，十岁那年第一次吃蛋糕的情景仍历历在目，我迫不及待地打开包装时蹭坏了蛋糕，还遭到父母的责备。当时家里买了两个蛋糕，分别是鲜奶油蛋糕和奶油霜蛋糕，我对奶油霜蛋糕的印象很深刻，就觉得这个蛋糕怎么会那么好吃，当然那时蛋糕是很奢侈的，只有生日的时候才能吃到。"就是那一口蛋糕的甜蜜，让她记了二十多年。

甜点与艺术的相互提升

"作为王森老师的直系徒弟，他对我的影响很大，从刚开始鲜奶油蛋糕的学习到后来甜点的制作，他都会制定严格的标准，虽然过程很艰苦，但对细节的注重和品质的坚持在那时候埋下了种子。"武文补充道："在我们决定留校任教的时候，师傅会通过他平时的观察给我们建议，再结合自己的兴趣选择专业，所以我就选择了甜点。"

武文形容自己是"笨学生"，坚信勤能补拙，既然天赋不及他人，那么后天的努力十分关键。武文对学生也是这样要求的："无论身处什么行业，努力都是更重要的，再卓越的天赋，如果不努力，一样不会有成就。如果天赋不佳，但是用心对待每一件事，照样能有所收获。"

"对于初入行的学员而言，只要照着食谱就可以制作，但是若想在这个行业有一番成就，最好能有一定的美术基础。"武文在学习甜点初期也额外学习了素描、速写、色彩和中国画，如果美术成绩不合格是没有资格留校的。其实甜点的制作与艺术是相通的，研发甜点的过程也要求色彩搭配和造型设计，武文强调道："设计甜点需要创意，但是学习美术可以得到一些提升，从色彩搭配、造型比例的设计，到艺术感的营造，甚至个人对美的鉴赏能力都会有所提升，所以学习美术对从事这个行业是有帮助的。"

不断经历失败才能收获更多

甜点师的创作不是一蹴而就的，难免会经历瓶颈期，制作过程无法很顺畅地完成，抑或装饰的时候很难设计出艺术感，这些对于甜点创作都是极大的阻碍。在采访过程中，武文多次强调："做甜点千万不要怕出错，从入行到成为大师，期间会经历很多次失败，而且最好能够不断地经历失败，一次成功反而不好。因为在不断的失败中，你会遇到各种各样的问题，当你一个个克服以后，才会真正掌握这项技术。所以要在不断的失败中积累经验，让自己做到更好。"

像武文这样拥有二十余年制作经验的甜点师，当她面临问题时，首先会从网络和书本中寻求帮助，若仍然无法解决，就会向师傅请教，久而久之，积累了丰富的经验和知识。武文说："每年烘焙展前夕我需要制作巧克力铲花，那段时间经常一个人呆在'小黑屋'里面练习。平时我也会观察路边的花，开发新的巧克力铲花花型，如果做得不满意，就反复不断地练习，直到自己满意为止。"在经历过一次次失败后，成功的喜悦是难以言喻的，武文说："当我做出满意的作品时，也会很有成就感，就会觉得之前付出的再多努力都值得了。"

手作的美好是无法比拟的

巧克力铲花作为甜点的装饰品，与巧克力装饰件类似，只是它的制作工艺更复杂，也更具艺术美感。如今巧克力装饰件在国内已经形成了一个比较成熟的产业，但是掌握铲花这项技术的人依然不多。

在每年烘焙展现场，武文都会演示巧克力铲花的制作，它没有复杂的工具和独特的手法，一切都依靠多年的经验。2008年，武文在铲花的基础上不断改进，研发创立了巧克力苞花工艺项目，与传统的巧克力铲花相比，它具有更逼真的色泽和质感，在巧克力苞花的装点下，甜点更显优雅、精致。谈及这项工艺的难点，笑着说："苞花这个工艺是我们独创的，对温度的把控决定了铲花的成败。"

CREATE
HAPPINESS IN
YOUR LIFE WITH
DESSERTS

舌尖上的"调香师"

众所周知，设计师的灵感不仅仅源于自己所处的行业，一味关注他人设计好的成品，就不可能有突破。艺术源于生活，而美食艺术的灵感来源于方方面面。"设计产品不能一味安静地思考，当我看到好看的造型，就会想着如何将这个元素运用到甜点中，我也会在大自然中寻找很多经验和灵感。"

过去一款甜点起源于某个国家，就会以这个国家来定义这一产品流派。如今甜点是一个广义的概念，各流派之间的界限日渐模糊，但不同地区的甜点之间依然存在一些差异，因此设计甜点时需要考虑的因素很多。比如北欧地区需要储备充足的热量来抵御严寒，所以他们的甜点往往油脂和糖分都会偏高。而我们亚洲人更倾向于清淡的饮食，对待甜点亦是如此。

甜点师是一个优雅、浪漫的职业，设计一款甜点的过程就像调配香水一样，讲究不同口味和层次的搭配。法式甜点将这一份精致演绎到极致，丰富的层次在口腔里迸发出别样的口感体验。对于法式甜点，武文认为它也是符合色、香、味要求的，她解释道："色指的是外观，一款甜点吸引人品尝最直观的因素就是外观，如果外观不能引起食欲，那一切都是徒劳。香是甜点中使用的香料，一些香味物质能增加回味的感觉，就像香水的前、中、后调一样，给甜点增加几分韵味。味是甜点的味道和口感，各种原料交织在一起形成比较特殊的口感，使甜点得到升华。"

甜点口味的搭配也遵循一定的规律，经过不断的尝试，经验丰富的甜点师对口味搭配早已了然于心，尤其是香料的运用。香料与水果的搭配会产生一种共鸣，武文就十分擅长运用香料，她说："香料能够让你的甜点更独特，让人慢慢回味这若隐若现的香气。"

从顾客的角度来看，橱窗里琳琅满目的甜点该如何选择呢？那些水果造型的甜点，一眼便知道它的口味，对于其他甜点的选择，颜色就显得十分关键了。武文以市场上最常见的口味向我举例："黄色总让人联想到芒果，搭配清新的百香果和菠萝内馅，酸甜结合，营造出缤纷夏日的气息。同样也可以选择树莓、草莓这类深色的内馅与之搭配，切开后层次分明，口味也相当和谐。"

由此可见，一款甜点的设计过程需要考虑很多方面，期间也会制作很多试验品，对甜点师来说，只有最完美的作品才值得给别人享用。武文长期为高端店铺和原料商设计产品，在这个不断更新的行业里，她一直秉持"活到老，学到老"的理念，多次跟随甜点 MOF 和米其林主厨学习，不断提升自己的能力和经验。

沐汐与花季的年轮蛋糕作为招牌商品，一经推出就受到市场的极大欢迎。武文前往日本系统学习了年轮蛋糕的制作，同样的配方回到国内却做不出那样的口感，经过多次尝试后她发现，国内蛋白与蛋黄的比例与日本不同，最终导致了这一结果，经过反复调整，现在这一款年轮蛋糕的口感与日本的完全一致。年轮蛋糕在日本是作为伴手礼单独售卖的，在沐汐与花季，武文将它与法式慕斯相结合，使它产生了一种截然不同的状态和口感，也为这个产品的生命创造了更多的可能性。

DESSERT HEALS THE HEART

比赛规则要仔细研读

"甜点是一种治愈人心的美食,因为它是怀着满满的爱做出来的。如果甜点师心情不好,那么用料和制作手法就会很随意,但甜点是很讲究的,稍有不慎,口味就会有所偏差。"武文会在工作之前打开音乐,让自己置身于轻松愉悦的环境里。但在备赛期间,所有的练习都是为了呈现更好的作品,反复地训练以达到熟能生巧,此时对心态的调节就尤为重要了,每一位甜点师都有自己的秘诀。

与为店铺设计的产品不同,比赛的产品不能单纯以市场为导向,但也不能完全脱离市场的要求。此前武文参加 2017 年日本东京蛋糕展甜点项目,虽然未能取得名次,但是她从这次比赛的失利中总结了很多经验:"在那次比赛中,我也用巧克力苞花作为装饰,但是后来了解到,评委认为这样的工艺没有办法大批量生产。所以充分了解比赛规格非常重要,评委打分时会考虑到甜点是要投入生产的,如果工艺太复杂、制作太慢的话也是不合格的。另外,由于上次在日本比赛,他们更喜欢偏自然的颜色,而我的作品颜色是偏暗的。所以除规则外,还要了解当地的饮食习惯和评委喜好,甚至要知道本次活动的赞助商。当然,自己本身的技术是最重要的。"

赞助商是维系一场比赛举办的关键,同样它也是比赛原料的供应商,赛前了解赞助商品牌有助于产品的设计和调整。即使是同一种原料,不同品牌的口味和颜色都会有差异,而原料对甜点的表达至关重要,因此甜点师要熟练掌握每一种原料的特点,才能呈现出最佳的效果。

甜点师的甜蜜生活

甜点已经成为了武文生活中的一部分，尝过了无数甜点之后，她还是喜欢最纯粹的味道。她说："我个人喜欢偏日式的甜点，尤其像瑞士卷这类松软的蛋糕。口感不会很甜腻，也没有多种复杂的口味，只有蛋糕和奶油的结合，简简单单的。"这样的味道也像极了她十岁那年的生日蛋糕，入口依然能感受到满满的回忆。

也许常年在甜点的熏陶下，武文的气质也如法式甜点那般优雅。"无论是工作环境，还是每天所面对的人和事，都让我充满了幸福感。而且甜点让我变得越来越追求完美，我希望一切都能往美的方向去发展。"

正因为从事这个行业，武文非常讲究生活的仪式感，武文的儿子从胎教开始，耳濡目染下，他对甜点也产生了极大的兴趣。谈到儿子，武文眼里充满了爱意，说道："儿子经常和我一起做布丁和巧克力给小朋友分享，他也很愿意动手操作，有时候把他带到办公室，他会给我帮忙搅拌。"与别人分享美食的时候，他都充满了自豪："这是我妈妈做的巧克力，这是我妈妈做的蛋糕。"也许他这个年纪还不知道"甜点师"是什么，但他知道我妈妈是做蛋糕的。

中国甜点行业正处于持续上升阶段

甜点和面包几乎是同时期传入中国的，但是面包的技术相对更成熟些。武文解释道："现在很多中国人也开始将面包作为主食，而甜点始终是作为下午茶这类消遣的食物，所以接受人群就没有那么广。另外甜点的制作难度更高，必须要在冷藏的条件下才能更好地体现它的风味，而面包就没有这些限制。"因此有一定群众基础的条件下，面包的发展就会比甜点更快。

武文认为目前中国的甜点行业处于一个持续上升的阶段，她说："去年中国甜点师在国际比赛中取得了冠军，而比赛是衡量技术水平最直观的方式，近几年中国的甜点市场也一直是很流行的状态。"另外，作为甜点老师这个角色，武文补充道："专业的西点教育能给整个行业起到很大的推动作用，目前这个市场的需求量很大，系统的教育可以让中国的西点水平快速达到国际化，未来也将与国际发达国家相持平，甚至超过它们。"

Q & A 鉴于本期杂志的主题是"成人礼"，武文老师您将会如何设计成人礼的甜品台呢？

如果为女生设计一个成人礼，我会选择用高跟鞋、礼服等元素来表现。因为学生时期经常会穿运动鞋，但是步入社会以后，就会面临不同的场合，需要为自己准备一双高跟鞋，而且女生对于高跟鞋是很向往的。虽然它穿起来没有平底鞋那么舒服、自在，但是它时刻提醒我们长大了，未来要面临的问题有很多，这是生活的一部分，要学着掌握和适应。对于女生的甜品台，我会选择粉色、珍珠色这类比较淡雅的颜色。为男生设计的甜品台我会用蓝色、黑色这些暗色调来布置，同样利用西装这类服装的元素为主，寓意成长，以及未来要变得更加成熟。

NO.16 十六号 | 马来西亚空中巴士咖啡馆，上演一段西部公路大片既视感

By || 鸿烨

今天要为大家介绍的咖啡馆是非常特别的，是我探访的这么多咖啡馆当中，让我印象深刻的一家。我过去探访过在小火车里的咖啡馆，也探访过在汽车里的咖啡馆，但要说把巴士汽车"腾空"，这样的咖啡馆你去过吗？

没错，就是这家在一片绿油油稻田公路旁边的咖啡馆，它的名字叫做 NO.16 十六号，从创立之初到现在已经走过了两个年头，这家咖啡馆也有官方 Instagram 账号，虽然关注的粉丝并不多，但能看得出来当地民众还是非常喜欢这家咖啡馆的，这家店算是位于吉隆坡郊区，远离主城区，倒是多了几分公路大片的色彩。

不管你从哪个角度来看它，都觉得复古中充满无尽的时尚感，很自由奔放的感觉。那就跟随我的脚步，一同启程，踏上这空中巴士之旅吧！来到巴士楼梯前，这里还有一个小标识牌，上面标识出店铺的作息时间，所以大家一定要留意店铺的经营时间，去之前可以在 Google 上再核对一遍。

A UNIQUE CAFE FAR FROM THE CITY

下面还有几张已经旧得泛黄的明信片和画纸，上面"NO.16 十六号"给人一种历久弥新的感觉，似乎很久都没有这样的感觉了，在这样的异国他乡找到了几分亲切感。

走上楼梯，这里环顾巴士的两边，都可以通行，也将小小的巴士咖啡馆分为巴士内客座与户外露台客座，不同的座位也就有了不一样的氛围，在这样一个空旷自由的环境里，还有什么能限制你的想象力呢？也许那些煞费心思的各式装潢，都无法与这天然视野画面相提并论了。绕过巴士的车头，这里还有一个平台，三五客座和吧台座，遥望远处的稻田和房屋，一切烦恼就这样抛之脑后，再来上一瓶冷萃咖啡，那简直就是"神仙生活"啊！

旧旧的巴士呈现一种岁月静好的天然魅力，似乎这是能开口讲故事的咖啡馆，远离城市的喧嚣，在这里选址真的是店家的一片苦心了，当然有幸能在这里享受一段欢乐难忘的咖啡时光，也是我人生的一份甜甜的回忆了。

从巴士的上客门进入就来到巴士的里面，这里基本上都保留着巴士原本的色彩，客座虽然不算宽敞，但也是井井有条，不管是三四人，还是多人家庭位，在这小小的巴士里，都能得到满足，真是麻雀虽小，五脏俱全啊！

这里光线的明暗适宜，外界33℃的阳光投射进来，也显得那么温润而不焦躁，缓缓的时光在流动中多了几分存在的意义，你能感受到时间带给你的流淌感，就这样静静的坐一会儿，你能听到心跳，更能感受到生活犹如初见般美好。

空中巴士，没有行走也堪比行走中的体会，那种漂浮空中，仿佛离开了地心引力一般，你是自由的，那就翱翔起来吧！还有什么能约束你呢？敞开心扉，畅想未来，在这样的空间里，你的灵感迸发，似乎才思都变得异常活跃了，那些所谓生活上的琐事和烦恼也就变得不值得一提了，拥有神奇般的治愈力。

一路感受，一路停停走走，哪怕都停留在你的脑海中想象，那感觉真的不想被外界打断。就这样继续沉浸其中吧，因为这样的体验真的太棒了！这里的顾客接踵而至，大家都能自觉的找到一种神奇的力量，然后充分感受它带给自己的快乐，不管是大人还是孩子，都在这里找到了自己最舒服的方式。

我很喜欢巴士里每个客座上方的绿色复古灯，这种灯在上世纪三四十年代的老上海电影里总是能看到，通常会是一个台灯的款式，在这里倒也是十分应景，一切都有点旧旧的，可是旧得自然不造作，反而是让人进入到一种亲切和放松的情景里，那些童年的记忆，抑或那些已经被你尘封起来的过往，是不是又再次涌上心头了呢？

COFFEE SHOPS OFFER
COMFORT BEYOND THE PALATE

在这里我推荐大家一定要喝一瓶冷萃咖啡，真的超出了我的期望，每一瓶冷萃咖啡豆会用 NO.16 十六号特有的酒瓶状瓶子来盛装，然后会贴上专属这里的复古标签，真是让人心爱不已。

每一瓶冷萃咖啡都会配上一个冰桶，帮你持续保冷降温，在这样一个常年 30℃的地域里，要是能够喝上一瓶冷萃咖啡，那真是畅快极了。这瓶冷萃咖啡整体是属于果香型比较浓郁的风格，能感受到烘焙度并不高，不是深烘焙的苦醇调，所以喝起来特别清爽，风味中带着果香，尾调还有一点点坚果和太妃糖的感觉，非常舒服。

除了这里的冷萃咖啡之外，若你觉得天气热还是想解渴一些，不妨尝尝这瓶看似是啤酒其实是不含酒精的迪拜果味饮料 BARBICAN，这应该算是阿拉伯有名的碳酸饮料了，一共有八种口味，我选的是苹果味的，口感还是非常清爽的，这也是我第一次喝迪拜饮料。依照我的惯例，肯定会把喝完的瓶子带回家。当然，在这里除了冷萃黑咖啡，你也可以点一份冰拿铁，带奶的冷萃也非常美味。

就是在这里，能让你找到一种久违的轻松与自在，如果其他空间都是一种束缚和限制的话，那么在这里拥抱全世界的既视感都能找到了，喝完可以到平台上站着呼吸一下这里的空气，感受异国带给你的短暂归属感，哪怕你呼喊一下，我想不远处也会有一个回音给你吧，畅快自然就是这样的简单，生活还有什么可纠结和放不下的呢？

在分享的结尾，我想借用空中巴士在建立两周年的一条推文来表达一下我的感受。从一张施工的照片中，你能感受到这里从吊装巴士再到现在我所看到的样子，店家一步步的努力与付出，果然全世界的咖啡馆都是一样的暖，一样的简单美好。

"不管是第一次来或者偶尔过来的大家，希望在不久的将来能把最完美的绿巴士呈现出来。"这是店家的一段简单的独白，而在我看来这里为客人营造的氛围已经被我深刻的感受到了，我觉得这是人生的福利，这里给我带来了一段难忘的回忆，也让自己想通和彻底放下很多事情，这是咖啡馆带给人们超出味蕾口腹之欲的心灵慰藉。

OMOTESANDO KOFFEE
在香港遇上这家"断舍离"咖啡馆

By || 鸿烨

提到咖啡馆里的器物与环境风格，我相信日本一定有重要的发言权，极简、禅意、和风、性冷淡、断舍离……似乎一股脑能冒出来许多形容词，当然也有非常多的人非常喜欢日式的风格，那种存在于意识流里面的共鸣感，我相信体会过的人，都会更意会这件事。然而从理性的角度来看，我更喜欢日式风格所带给人们的一种自由与空旷的感觉，没有花哨的累赘，更没有不必要的噱头，让人们的视线与神经都集中在最为关键的点，对于一家咖啡馆来说，这个关键点就是咖啡。

今天带大家来到的这家咖啡馆是位于中国香港湾仔皇后大道东200号利东街G24-25号的Omotesando Koffee。其实提到这家咖啡馆，如果你比较了解日本东京的精品咖啡馆，那么

这家也许你会有印象。日本的Omotesando Koffee算是较为有名的充满无尽禅意的咖啡馆，店内整体的环境风格非常简约，店内从咖啡师到服务生的着装全部是类似医生的白大褂，他们说因为咖啡本身就很像医生，他们的职责就是通过交流与沟通抚慰客人。日本东京的Omotesando Koffee与Toranomon Koffee师出同门，有着同样的设计风格。不过前几个月东京的Omotesando Koffee原址店铺已经结业，但据和咖啡师交流了解到，他们正打算重新选择东京的店址。

我第一次得知这家店铺的信息，是在《东京咖啡时间》这本书上，这次能看到他们在中国香港扎根开新店，实在让人兴奋不已。整体店面的装修风格，哪怕只是看到门面都能一眼识别出来，有的时候提到一家咖啡馆的"标志"，不单是用一个Logo去体现的，我更认为这是一种整体气质的展现，正如Omotesando Koffee一脉相承的设计风格，同样是一个标签化辨识度的存在，与附近香港当地有名的精品咖啡馆Coco espresso和Cupping room相邻，也算是给皇后大道这一区域的精品咖啡业注入了一股新鲜而扎实的血液。

SIMPLE DESIGN AND EXQUISITE COFFEE

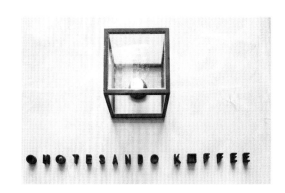

COMMUNICATE THE CONCEPT OF LIFE TO PEOPLE

店内客流量非常大，几乎很难找到客座，大部分都是带走的方式，所以店内格局也设置两个门，一个入口一个出口，以此来形成比较规范的客流动线，也使得店内不至于太过混乱，而更为精巧的是，店内点单区域与客座是分开的，客座在一个错层二楼的位置，所以一定程度上也将两拨人划分开来，让彼此可以拥有相对独立的空间。

我到访的时候是上午时段，店内刚开门没多久，所以人不算很多，这里客座区域的所有凳子都是旋转式的，这样的设计既节省空间又会使人感觉非常整洁，是个很不错的设计。无人使用的时候，就可以收起来藏在桌子底下。如此一来，整体看上去就会非常的素净整洁，也确实将性冷淡风格演绎到淋漓尽致，曾经《东京咖啡时间》书中还形容这是一家"断舍离"的咖啡馆。

店内最核心的吧台是一个四方格子，其实 Omotesando Koffee 的店铺 Logo 设计就是一个小方块，据说它的本意是模仿日本电车站里的小卖部 Kiosk，寓意是小空间里是咖啡师的大舞台。

店内一台三头的 La Marzocco strada，这是很多人挚爱的咖啡机。通过机械内阀对水流和压力进行逐级控制，从而控制预浸泡，这种经典的推杆操作特别舒服，每个冲煮头配有专门的咖啡锅炉，而且还有四条可编程的压力曲线以及一个线控模式，在萃取过程的任何时间点都能直接控制。旁边两台安啡姆的磨豆机，是用来区别两种不同风格的意式豆，也就是所谓的 Fruity 和 Traditional，浅烘焙和传统日式烘焙两种风格都提供给客人选择。

THE CHARM OF A CAFE IS TO MOBILIZE EVERYONE'S INTEREST

即便这家咖啡馆开设在中国香港地区，但店内每一位从业人员都是日本人，还有一名外籍服务生，所以在这家店全程都是需要用英语或者日语交流的。在店内我点了一杯 flat white 以及一块这里非常有名的 kashi，提到这个小点心，不得不说一下 Omotesando Koffee 的一个经典玩笑了，这种小巧可爱的方块，刚好一口一个的尺寸，外观看起来像个红烧肉，但实际是一块小点心，外焦里嫩，而且并不甜腻，是非常好吃的。最重要的是，这种点心在你点单的时候，店员就会用滤纸给你包上一颗，所以能想到用滤纸作为外带包装袋的方式，也算是第一次遇到了，是个很不错的主意。

吧台上，咖啡师会按照点单顺序依次排号制作，我选择的是传统风味的豆子，不过即便是在这里堂食，Omotesando Koffee 也是用外带杯来出品的，而我有一种执念，就是要将外带咖啡杯开盖，其实开盖并不单纯是为了看咖啡师是否会拉花，而是要看一下是否会注重那份融合度，以及制作咖啡的一切细节。

这款 flat white，整体口感醇厚度非常高，基本上和 ％ Arabica 咖啡店是属于一个风格的，果然带有很鲜明的日式传统烘焙风格的风味，入口带有很浓郁的坚果气息，尾调黑巧克力风味也很不错，回甘也不错。融合度上个人觉得还可以，也可能是受外带杯的影响。

奶泡层还是比较细腻的，整体从头到尾都较为厚重扎实，让你能感受到那份有点厚重的醇厚度，这种醇厚度并不烈，所以适口感还是不错的。在众多传统烘焙风格的奶咖出品中，我觉得 Omotesando Koffee 还是表达得很不错的。

曾经 Omotesando Koffee 也有解释过为何使用的是 Koffee，而非 Coffee，因为字母 K 既是 Kiosk（小亭子，呼应其 Logo）也是店铺创始人名字的首字母。

一家咖啡馆想出品高品质的咖啡并不难，难的是不仅能出品好咖啡，还能拥有自己独到的风格，这就变得更为深化，也更具有价值和意义。其实如今人们最不缺乏的就是新鲜感，也见识了太多有趣的店和有趣的人，如何调动大家的兴奋点，这是一件越来越难的事情。Omotesando Koffee 不管是在东京，还是在中国香港地区，都有着一脉相承的设计理念与风格定位，也将这样的独树一帜变得更为具象。为了让更多人能够发掘这样一家标志性存在的咖啡馆，希望未来可以在内地看到 Omotesando Koffee 的身影。

STUMPTOWN COFFEE
纽约"树墩城"咖啡之旅

By || 郑鲨鱼

第一天到达纽约，就喝了两次 Stumptown Coffee。第一次是在纽约一家超市，第二次是在格林尼治的 Stumptown Coffee 本店。朋友说："一天两次 Stumptown，你未免太爱这里的咖啡了。"其实我从好多年前就开始喜欢这里了，喝过这里的咖啡，朋友送过我周边咖啡产品，关注了他们的社交账号，喜欢他们发的咖啡照片。他们总是和户外结合，好山好水，好咖啡。

优秀的咖啡品牌，不止是出品好，品牌的理念也能获得大家的一致欣赏。我到访了两家位于纽约的 Stumptown Coffee，他们的店铺设计都深得我心，这一篇与大家分享我的纽约"树墩城"咖啡之旅。

Stumptown Coffee
地址：30 W 8th St, New York, NY 10011

Stumptown Coffee 由创始人 Duane Sorenson 于 1999 年创立于美国俄勒冈州波特兰，现在它是美国最著名的精品咖啡烘焙品牌之一。Duane 走访各大咖啡生豆区，与咖农建立良好的合作关系，保证了咖啡豆的生豆品质。同时，Stumptown 的烘焙也是十分优秀的，不同产区和不同加工方式的豆子都以不同的烘焙方式处理。

现在能成为这么优秀的咖啡品牌，离不开品牌创始人的执着与努力经营。Stumptown Coffee 和 Duane Sorenson 被誉为"第三波咖啡浪潮的引领者"。十年时间，Stumptown 开遍美国的各大城市，如波特兰、纽约、西雅图、洛杉矶等。

位于格林尼治的这家店，周边都是高楼大厦，自然而然，它是一家上班族源源不断来买咖啡的店。店内座位很少，但你可以站着在店里喝咖啡，或者和其他人一样，蹲着或站在店门口喝咖啡，十分街头的咖啡形式。因为隔壁就是 ACE 酒店，所以有些客人甚至拿着咖啡在酒店大堂喝，酒店员工也不会干扰，十分友好。

我特别喜欢落地玻璃窗的位置，站在这里喝咖啡，看着来来往往的人们。纽约是一个很丰富的城市，看到形形色色的人在咖啡馆窗边走过，很奇妙。我点了冷萃咖啡和冰美式咖啡，两杯都很好喝。特别是冷萃咖啡浓度刚刚好，像水果啤酒又带点巧克力风味。我选择搭配咖啡的都是经典款的马芬、牛角包、巧克力曲奇、甜甜圈和司康。我特别喜欢 Stumptown 的甜点柜，具有古典美。

虽然店内面积不大，但有两个产品展示区，咖啡豆和周边产品都陈列得很整洁、美观。店内的柜子都是古典的实木柜，如果走到隔壁酒店大堂，你就会发现，他们是一个系列的。感觉是这座建筑保留下来的一些家具，在保持以前样子的基础上翻新了一下。这样的咖啡馆，特别有味道，特别有故事，也特别吸引我。

咖啡馆内的吧台都会有各种牌子，比如每月精选单品豆，无论是点这款豆子的手冲咖啡，还是买这款豆子都会有优选特价。抑或季节特别饮品，我在纽约的时候是夏季，他们的夏季特饮是 Horchata 冷萃咖啡，后来我在另一家 Stumptown Coffee 试了，味道非常惊艳。Horchata 是墨西哥和西班牙的一种饮料，清新香甜，非常好喝，它是用 Chufa（一种植物果实）磨碎去渣后加糖水制作而成，用来和冷萃咖啡结合，的确很特别，很夏日的感觉。

Stumptown 的咖啡周边产品是我在美国逛的所有咖啡馆里最喜爱的，咖啡杯图案设计成刺青一样的感觉，设计简练有力。从拥有了第一个 Stumptown Coffee 的咖啡杯之后，就会有收集的冲动。除了杯子、袋子以外，Stumptown 还售卖包装好的咖啡，也就是我在超市买到的瓶装冰滴咖啡，还有在圣地亚哥喝到的椰子冷萃咖啡，它是像牛奶盒一样的包装。下次一定要试试他们的巧克力牛奶拿铁和罐装冷萃咖啡。

后来在纽约的一个星期，每次逛超市都会留意有没有 Stumptown 的咖啡售卖，我发现去的十家里面大概七家都会有。咖啡文化在这个城市，实在很浓厚。咖啡，就是日常，在超市都能买到精品咖啡的日常。

我还探访了 Stumptown Coffee 在纽约最新的店，很幸运来得很及时，因为到访前才对外营业一周。这里也是我最喜爱的一家纽约咖啡馆了。因为咖啡馆所在的建筑是历史文化保护建筑，以前这里是消防局，建于 1860 年。整家店都保持了原来的装饰和格局，因为面积很大，这里还会不定时地举办音乐会和艺术展。

一进店就会被这里的古典设计吸引，当然还有这台定制的 La Marzzoco，就像青花瓷一样，蓝白色的图案都是品牌的元素。这一家新店的菜单都是特别设计的，与别的店铺都不一样。无论是格林尼治的店还是这家店，Stumptown 的咖啡师都很多，所以出品效率很高，无论多繁忙，客人等待的时间不需要太久。

咖啡吧台区是站立式的设计，自助茶水的区域也在这里，设计十分帅气。虽然是站立的，但空间很大，站着喝咖啡也很舒服。同时，墙上挂着的都是一些有意思的作品，比如这栋建筑的历史照片、设计图等，复古又美好。

THE COMBINATION OF RETRO ARCHITECTURE AND MODERN LIFE

Stumptown Coffee
地址：Cobble Hill 212 Pacific Street

ARTISTIC SPACE

这一家 Stumptown Coffee 的小细节无处不在，大概是因为，这栋建筑本来就是一件伟大的艺术品吧！这里的阅读区也特别有感觉，架着杂志和报纸，听说以前消防局就是这样放置的，并且在同样的位置。就连现在店内放的黑胶唱片，也会呈现出来让客人知道此时此刻的音乐是什么，十分贴心。

这里古典的吧台，非常吸睛，每位进来的客人基本都会拍照。看着这里的每一件物品，每一个角落，都有种置身博物馆、美术馆的感觉。拱门长廊，从咖啡吧台、站立外带咖啡区到位置区，都放置着不同的插画和艺术装置。客人可以在喝咖啡的同时，欣赏这些作品。特别是在布鲁克林区，一个我最喜爱的区域，充满艺术又嬉皮士的区域。

室内座位区的天花板也保留着原建筑的彩色玻璃，光透过玻璃时常会折射彩虹到室内。精心的设计，也是以前建筑师的杰作。过去消防局传播室的位置现在是洗手间，进入洗手间那一刻，我真的被惊艳到了，这是我去过全球咖啡馆中最特别的洗手间了。并且在里面，你会听到以前英语和法语双语的播音。

最特别的是，洗手间内有一个 Press 的按键，按下去后把眼睛凑近洞里，你会看见不同的风景。这真是让客人在洗手间内都感受到 Stumptown Coffee 的用心，传达了与户外风景结合的理念。

这里无论是冰拿铁还是冰茶，都十分好喝。在美国期间我一共去了三家 Stumptown Coffee，出品都是一样优秀。冰拿铁的口感非常顺滑，也可以把牛奶换成杏仁牛奶或燕麦牛奶，它们与意式浓缩咖啡一样搭配。另外，冰茶口感很清爽，适合夏日，尽管美国人一年四季都会喝冰饮。这里的冰茶有很多种类，莓果或者纯冰茶，都是天然无添加的。

Stumptown Coffee 还有一点深得我心的是，这里是宠物友好咖啡馆，客人可以带宠物一起来喝咖啡，享受咖啡时光。如果大家来纽约，一定不能错过这两家店。喝完咖啡还可以在这个区域逛逛，它周边是住宅小区，建筑都展示着古典美，种满了绿植和花朵。今年我还打算去波特兰总店看看，到时候再和大家分享。

哈尔滨索菲亚可可食品有限公司
HARBIN SOFIA COCOA FOOD CO.,LTD.

巧克力专业制造商

THE PROFESSIONAL MANUFACTURER
OF CHOCOLATE

哈尔滨索菲亚可可食品有限公司地处于哈尔滨经开区哈平路集中区松花路 1 号，是一家专注于食品工业焙烤巧克力、冰淇淋涂层巧克力、休闲糖果巧克力生产的独资企业。公司拥有具备国际巧克力研发能力、生产管理经验的团队；工业巧克力成型流水线年设计产能为 10000 吨，食品涂层用巧克力年设计产能为 20000 吨。

公司从德国引入巧克力行业最先进的七辊研磨、精炼机等高端设备，配套国内首条工业巧克力定量灌装、包装自动化生产线，实现了生产过程的全部自动化控制。企业通过了 SGS 认证的 ISO9001 质量管理体系、FSSC22000 食品安全管理体系、Halal 清真认证；采用全封闭的净化生产车间，选取国际顶级可可原料，配备完善的检测仪器和严格的品控管理体系，为食品安全提供了强有力保障。

" 索菲亚 " 在希腊语中意喻智慧、勤劳和美丽，企业深知 " 索菲亚 " 之寓意，同时秉承着诚信、勤奋、务实、共赢的理念，为客户提供个性化的专属产品解决方案。

www.sofiacocoa.com

● 索菲亚纯脂系列巧克力

● 臻菲系列巧克力

● 竞爱系列巧克力

● 低糖系列巧克力

● 鎏金系列巧克力

● 耐烤酱系列

● 派涂层系列

● 巧克力粉系列

地址：黑龙江省哈尔滨市经开区哈平路集中区松花路1号　电话：0451-82734766　55670988　88945333　传真：0451-82734755　邮箱：sofiacocoa@sina.com

英国凯伍德
KENWOOD
欧洲厨师机领先品牌

源自英伦

天生实力 专业帮厨

全新凯伍德厨师机
Chef Titanium 钛金系列

凯伍德厨师机
KVL8300S

1700 Ⓦ

15000 HOURS

5种专业搅拌桨　1700W强劲功率　经15000小时* 实验测试　荣获多项设计大奖

*凯伍德内部实验数据

关注英国凯伍德官方微信
轻松成为食物料理能手

CREATE WITH COLOUR

SQUIRES KITCHEN
高强度专业复配着色剂

- 涵盖整个色谱的缤纷色彩
- 专为蛋糕装饰与糖艺工作者精心设计
- 英国原装进口，符合食品安全标准

着色液　　　　着色膏　　　　着色粉

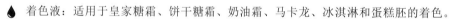

💧 **着色液**：适用于皇家糖霜、饼干糖霜、奶油霜、马卡龙、冰淇淋和蛋糕胚的着色。

🖌 **着色膏**：适用于翻糖膏、杏仁膏、糖花膏、塑形膏、奶油霜和蛋糕胚的着色。

⦂⦂⦂⦂ **着色粉**：适用于糖花彩妆及白色巧克力、马卡龙和蛋糕胚的着色。

1923年，Hans Wachtel先生创立了WACHTEL品牌，为各烘焙店家提供德国制造的烤炉、升降系统与冷冻冷藏装置。2006年，WACHTEL为了满足亚洲快速扩张的市场，在中国台湾省创立了亚洲分公司，将其作为亚洲区中转站，并转型为生产组装中心。到目前为止，业务范围已涉及全亚洲。近几年，WACHTEL尤为关注中国市场，认为中国市场具有巨大的发展潜力，所以为了更好地发展品牌、服务消费者，WACHTEL在2016年上海成立了上海瓦赫国际贸易有限公司，进一步巩固和提升了品牌的世界领导级地位。

WACHTEL china

Found in the best bakeries of the world

上海瓦赫国际贸易有限公司

Tel. +86-21-50307969

上海市漕宝路36号英沃工场3幢105室

KINGDOM
金 城 制 冷

匠心设计，金城所制，"**诚**"您所想、彰显极致！

上海金城制冷设备有限公司为台资企业。公司致力于"创造国际新水平，引领国际新潮流"为客户需求量身定制，先后取得近200多个国家专利。历经四十余年，已成长为中国著名的制冷设备制造商之一。

上海金城制冷设备有限公司
昆山金博特制冷设备有限公司

企业总部：
上海市凯旋北路1288号环球港A座28-29楼
总机：+86-21-62168066
官网：http://www.shkingdom.com.cn

金城官方网站 金城官方微信